TRAITÉ

DU REBOISEMENT.

TRAITÉ

DU

REBOISEMENT

OU

MANUEL DU PLANTEUR

PAR

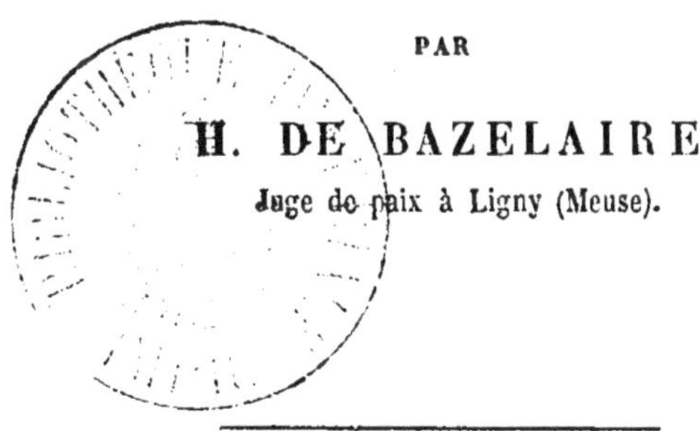

H. DE BAZELAIRE

Juge de paix à Ligny (Meuse).

DEUXIÈME ÉDITION.

PARIS,

IMPRIMERIE ET LIBRAIRIE

DE MADAME VEUVE BOUCHARD-HUZARD,

Rue de l'Éperon, 5.

—

1864

PRÉFACE.

Lorsque je publiai le *Manuel du Planteur*, mon but a été de mettre entre les mains des propriétaires un guide pratique qui, en l'absence des connaissances forestières qui font l'objet d'études spéciales, pût leur permettre de se livrer, par eux-mêmes, aux travaux de semis et de plantations, en suivant les indications simples et succinctes du *Manuel du Planteur*.

Les élogieux rapports d'un grand nombre de journaux et de Sociétés agricoles, plusieurs souscriptions de la part du ministère de l'agriculture, m'ont fait penser que j'avais atteint le but que je me proposais.

Aujourd'hui je publie une seconde édition de ce Manuel qui conserve toute son actualité en présence des besoins toujours croissants des bois d'œuvre, et en présence de l'utilité qu'indique, avec persistance, le terrible fléau des inondations. Mais, si j'ai reçu avec satisfaction les éloges, j'ai accepté avec gratitude la critique faite avec vérité au point de vue de lacunes à remplir pour donner à cet ouvrage de pratique le plus d'utilité possible. Cette seconde édition s'y est conformée. Les méthodes de plantations pour bordures et clôtures, de transplantations pour massifs d'agrément et de pépinière pour les besoins personnels, y trouveront une plus large part. Enfin la plantation des arbres à fruits y trouvera un chapitre.

En 1846, je disais : Certainement ce

n'est point sur mon ouvrage que je compte pour donner l'impulsion des reboisements réclamés à tant de titres; la sollicitude du Gouvernement, qui vient d'en donner une preuve en saisissant les chambres d'un projet d'encouragement au reboisement, imprimera partout cet élan qui peut réparer les pertes des siècles derniers; mais, peut-être, ces conseils, ces méthodes qu'il présente, guideront-ils ceux qui commencent, et engageront-ils ceux qui le liront. C'était là mon seul but et mon seul désir. Aujourd'hui, confiant dans la sollicitude plus éclairée encore du Gouvernement, je n'ai pas d'autre ambition.

1864.

INTRODUCTION.

Nécessité et avantage du reboisement.

Le préjugé existe, que l'on ne plante point pour soi ; et ce préjugé arrête bien des personnes dans une entreprise aussi utile que lucrative, et je dois le dire, qu'agréable.

Je reprends ces trois motifs qui devraient vaincre l'égoïsme qui arrête, la plupart du temps, les communautés comme les particuliers.

L'utilité est incontestable, chacun le sent et prévoit qu'elle doit grandir. J'en examinerai d'abord la nécessité sous le rapport de la pénurie qui commence à se faire sentir dans les produits des forêts de la France, pénurie qui doit nécessairement s'augmenter par l'immense consommation de bois d'œuvre qu'exigent sans cesse les grandes voies de fer.

Personne ne peut nier que depuis trente ans le prix du bois n'ait doublé. Cependant, depuis cette époque, la consommation du charbon de terre a beaucoup augmenté; il s'emploie dans la plupart de nos usines, même métallurgiques, où autrefois le bois seul était employé. C'est donc à la seule pénurie que l'on peut attribuer le prix élevé de nos bois d'œuvre et des bois de chauffage. Cette pénurie n'est pas cependant la seule cause de cette élévation progressive, et je crois utile à l'encouragement du repeuplement des sols peu favorables à l'agriculture de présenter une autre cause qui se fera encore longtemps et plus vivement sentir.

Lorsque nos forêts bien peuplées suffisaient et au delà à la consommation générale, les parties escarpées ou éloignées des centres étaient respectées par la cognée; elles étaient abandonnées à la nature et considérées comme un bien superflu; mais bientôt, la consommation augmentant, les parties rapprochées ont été épuisées, et de nombreux et déplorables défrichements sont venus enlever cette ressource que chaque contrée avait encore devant les yeux. De là, nécessité de recourir à ces parties éloignées et difficiles, et, par suite, augmentation énorme des prix de transport, augmentation telle qu'elle est, terme moyen, deux fois la valeur intrinsèque du bois (1).

Ce qu'il en est pour le bois de chauffage arrive pour le bois d'œuvre ; les mêmes causes existent. La progression de cherté du bois de cette nature s'augmente proportionnellement et doit s'agmenter encore par la construction des chemins de fer. En effet, on sait que pour appuyer les rails, il faut en travers de la voie des assises en bois composées d'une pièce de chêne ou de hêtre de 2 mètres 20 centimètres de longueur, et de 20 centimètres sur 25 centimètres d'équarrissage sans

(1) Cette proportion n'est point exagérée; elle est, pour beaucoup de localités, bien au-dessous de la réalité. Je pourrais citer les montagues de la Bresse, en Vosges, vierges encore il y a quelques années, mais où le besoin force de recourir maintenant. Le bois de hêtre façonné en quartier vaut 3 fr. le stère en forêt, et est livré à la consommation des vallées, à une distance de 3 myriamètres, au prix de 10 fr. le stère.

aubier, distancées de 1 mètre entre elles. Il faut donc 100 mètres cubes de ces pièces par kilomètre. La consommation occasionnée par ces voies doit encore s'augmenter de tous les bois nécessaires à la construction des nombreux bâtiments qu'exige leur exploitation. Enfin cette consommation s'augmente d'une manière excessivement considérable par l'établissement des lignes télégraphiques qui exigent des poteaux qu'il faut chercher dans la futaie. C'est donc avec raison que l'on s'effraye de cette pénurie qui indique assez la nécessité de la prévenir, ou au moins de la réparer.

Les plantations de jeunes bois feront attendre, il est vrai, bien longtemps leurs produits en futaie, parce que généralement ces plantations ne seront confiées qu'à des sols maigres et peu profonds; mais combien de terrains, sans parler des routes et des chemins, seraient favorables à l'éducation des arbres à haute tige d'essences propres au charronnage, aux traverses, et même aux poteaux de télégraphe, puisque, au moyen des procédés d'injection de substances minérales du docteur Boucherie, on peut procurer aux deviendraient, par la culture en bois, des terrains utiles et productifs.

Prenant pour exemple un de ces terrains placés dans les plus mauvaises conditions de culture, lequel serait évalué à un revenu annuel de 20 francs par hectare; je suppose ce sol planté en bois feuillus d'essences mélangées, destinées à former un taillis; à vingt ans la coupe de ce bois vaudra au moins 500 francs par hectare, et par conséquent aura produit un revenu annuel de 26 francs 86 centimes, mais à cette époque le fond aura beaucoup plus de valeur, car il portera les souches d'un nouveau taillis qui, à une seconde révolution, aura une valeur plus grande et, par suite, donnera un revenu annuel plus élevé (1).

Si je m'adresse à un sol plus fertile, mais que son inclinaison ou son éloignement du centre d'exploitation rende moins propre à la culture, je suis assuré que le bénéfice du bois

(1) Des expériences réitérées ont appris que, dans un taillis de 20 ans, la solidité d'une tige est d'environ 35 décimètres cubes; que sa souche poussera des rejets dont le volume total sera, à la seconde période de 20 ans, d'environ 100 décimètres cubes.

sera en rapport avec la fertilité du sol, et dépassera d'autant plus celui de la culture que, dans ces conditions, cette dernière ne pouvait qu'être imparfaite et dispendieuse. Peut-être un jour le besoin de combustible, ce produit indispensable à tous, et surtout au cultivateur, amènera-t-il à faire entrer dans l'assolement la culture du bois. Cette prévision ne me semble point invraisemblable, et dans bien des localités on rencontre des exemples qui certainement y conduiront. Là on abandonne des champs, non pas seulement au repos, mais à la production spontanée des genêts qui, après quelques années, fournissent en fagots un combustible employé avec profit dans les campagnes pour le chauffage des fours, la cuisson de la nourriture des bestiaux, etc. Ne serait-il pas plus avantageux de couvrir ces champs de bois d'une prompte et facile croissance, du pin silvestre, par exemple, au lieu de l'abandonner au semis naturel du genêt ou de l'ajonc? Le détritus des feuilles formerait une couche plus considérable d'humus, et quelle que soit l'essence du bois à l'âge de huit ans, temps ordinairement accordé aux genêts, ce bois aurait, par sa tige et par ses racines, beaucoup plus de valeur, et ne serait point plus difficile à extraire. Mais d'ailleurs, en attendant quelques années de plus, que le bois ait atteint sa douzième année par exemple, on obtiendrait d'une plantation de bois blanc ou de pin silvestre un produit réel laissant le sol dans un état de fertilité qui permettrait au cultivateur de le livrer à une nouvelle période de culture.

Mais la question du reboisement trouve une utilité générale et toute sa nécessité quand il s'agit de ces terrains vagues et en pente, dont la dénudation a changé le climat en ne mettant plus un frein à la violence des vents ou des orages, et en ne concentrant plus l'humidité dont l'évaporation produisait les pluies nécessaires aux campagnes d'alentour ; dénudation, enfin, qui occasionne ces terribles inondations qui trouvent leur cause dans la violence et la promptitude avec lesquelles les eaux descendent de ces sommets en entraînant les terres. Ces terres, d'un autre côté, comblent le lit des fleuves et rivières, déjà trop étroit pour cette masse d'eau, qui n'arriverait point à eux si les obstacles que présentent les troncs, les racines des arbres et les végétaux croissant sous leur abri venaient forcer ces eaux à s'infiltrer.

Ici les résultats se feront moins attendre, le remède produira son effet en peu d'années. Des semis épais de chênes ou de pins couvriront promptement ces pentes aujourd'hui en gazon ; l'eau pluviale sera, dès lors, entravée dans son écoulement ; les interstices des racines lui permettront de s'infiltrer profondément, et l'on ne verra plus descendre des collines ces mille filets d'eau qui font les gros ruisseaux.

Les méthodes de reboisement trouvent encore une nouvelle application dans l'assainissement des landes de Gascogne que la sollicitude de l'Empereur a fait mettre sous la protection d'une loi.

De son côté, la loi du 28 juillet 1860, en obligeant les communes et, dans certains cas, les particuliers, au reboisement des terrains situés sur le sommet ou la pente des montagnes, donne un nouvel essor aux opérations de reboisement.

J'ajoute encore que la culture du bois est une opération agréable, et je suis assuré de n'être point démenti par aucun de ceux qu s'en sont occupés. En effet, toute création nouvelle comporte un grand intérêt, et aucune, un plus continuel et plus stimulé que celle des bois. Le planteur qui suit la marche de la nature et ses indications éprouve de vraies jouissances depuis le moment où il voit le plant nouvellement confié à la terre marquer ses premières feuilles, se développer d'année en année, jusqu'à celui où, nécessitant dans son intérêt ou celui de ses voisins la taille ou le recepage, il offre déjà un produit.

L'agriculteur trouve dans une culture raisonnée et conduite avec soin une occupation utile et intéressante. Le silviculteur ne sera pas moins heureux.

PREMIÈRE PARTIE.

Des semis et plantations.

Ces deux opérations s'adressent à deux genres de terrains : les terrains entièrement vagues et les clairières de forêts. Elles embrassent diverses conditions de sols, d'essences, de culture et d'entretien ; aussi chacun de ces objets doit-il être traité successivement, et dans l'ordre rationnel que j'indique dans cette table qui précédera leur énoncé.

1° *Des semis dans les terrains vagues.*

2° *Choix du sol et des essences qui lui conviennent.*

3° *Bonté des semences, époques de leur récolte et de leur semis.*

4° *Opération de semis et leur entretien.*

5° *Du semis naturel.*

6° *Frais des semis.*

Plantations.

1° *Choix du sol et des essences.*

2° *Du plant et des pépinières.*

3° *Préparation du sol.*

4° *Époques des plantations.*

5° *Opérations de transplantation.*

6° *De la plantation et du semis simultanés.*

7° *Soins à donner aux plantations.*

8° *Élagage et jardinage.*

9° *Frais des plantations.*

10° *Considérations générales sur le choix de l'un ou l'autre moyen de repeuplement.*

11° *Des avantages procurés par le choix des essences.*

12° *Qualités des bois.*

13° *Des semis et plantations d'essences mélangées.*

Semis des terrains vagues.

Les semis artificiels ont pour objet de remplacer l'ensemencement naturel fourni par les arbres à semences; aussi doit-on suivre dans leur emploi les indications de la nature pour obtenir un succès aussi certain et toujours uniforme.

Choix du sol.

L'établissement d'une forêt, soit par semis, soit par plantation, étant une opération qui ne doit donner qu'un résultat éloigné, on ne doit l'entreprendre que lorsque le sol est dans des conditions peu favorables à la culture, soit par sa position, soit par sa composition, et la plus grande économie doit présider à tous les travaux qu'elle comprend.

Combien de terrains impropres à la culture, et qui ne fournissent que d'arides pâturages; de terrains humides ou aquatiques, qui ne produisent qu'un faible revenu annuel, et qui, étant boisés, donneraient, à vingt ans, une superficie d'une valeur considérable.

Le propriétaire doit donc d'abord rechercher les sols les moins productifs peur les soumettre au boisement, et son choix fait, examiner quelles sont les essences qui lui conviennent sous le rapport de sa nature, de son exposition et de sa situation plus ou moins élevée.

Le sol, avec des nuances, toutefois, est argileux, calcaire ou sablonneux; chacun de ces sols convient plus ou moins aux diverses essences. Le planteur, pour ne confier au sol que l'espèce de bois qui lui convient, doit, avant tout, en reconnaître la composition. Il n'est point besoin, pour cela, d'une analyse chimique, mais de quelques sondages qui permettront d'apprécier, à l'œil, la couche végétale et le sous-sol.

Dans les remarques que je vais donner, il puisera les notions qui le guideront dans ce choix.

L'exposition du nord est celle qui convient le mieux aux semis; la séve étant plus lente, le jeune plant est moins exposé aux gelées tardives. Cet inconvénient a lieu, au contraire, à l'exposition de l'est. Enfin l'exposition du midi, surtout les années sèches, est souvent un obstacle à la levée du semis, lorsqu'il n'existe aucun abri. Suivant l'exposition, le planteur aura donc à calculer s'il doit semer ou planter, ces inconvénients existant avec beaucoup moins de gravité pour les plantations.

Suivant sa situation, le sol est élevé ou bas, sec ou humide. Le sol élevé et sec peut être rendu favorable au semis par une préparation qui l'ameublisse. Le sol bas et humide doit être rendu perméable et délivré de l'humidité toujours funeste; dans cette condition d'assainissement il sera très-favorable aux semis. On trouvera plus loin les moyens propres à obtenir ces résultats.

Enfin, de même que la nature du sol convient plus ou moins aux diverses essences, de même l'exposition et la situation contribuent plus ou moins à leur réussite. Aussi c'est au point de vue de ces trois conditions que je vais examiner chacune des essences qui peuvent être le plus avantageusement employées pour création de bois.

L'Aune.

L'Aune aime un terrain sablonneux, mais

frais : le bord des marais comme des eaux courantes. Les fonds lui conviennent donc.

Le Bouleau.

Le Bouleau vient dans presque tous les sols, même ceux sableux, ou ayant peu de profondeur ; sur les hauteurs comme dans les fonds, et à toute exposition.

Le Chêne.

Le Chêne se plaît dans les fonds argileux, surtout lorsqu'ils sont profonds, mêlés de graviers ou pierrailles. Les plaines et les revers des montagnes peu élevées et à l'exposition du nord lui conviennent également.

Le Charme.

Le Charme aime tous les terrains profonds, soit calcaires, soit humides.

Le Châtaignier.

Le Châtaignier est très-peu difficile sous le

rapport du sol ; il croît même dans les sables, et préfère l'exposition du midi.

Les Érables.

Les Érables : érables champêtres, planes, platanes ou sycomores exigent un terrain de bonne qualité, et préfèrent les expositions au nord.

Le Frêne.

Le Frêne n'atteint tout son développement que dans les terrains frais et sablonneux ; il se plaît particulièrement sur le bord des rivières, ruisseaux et fossés.

Le Hêtre.

Le Hêtre ne craint que les sols très-sableux ou marécageux. Les plaines, les revers de montagnes et toutes les expositions lui conviennent.

L'Orme.

L'Orme veut un terrain fertile et qui ait été profondément remué ; il n'aime que les plaines et l'isolement.

Le Robinier.

Le Robinier ou acacia commun réussit bien dans les terres sableuses, plus sèches qu'humides et peu profondes. L'exposition du midi lui convient très-bien.

Le Saule.

Le Saule marceau veut un terrain léger et vient même sur les hauteurs.

Le Tilleul.

Le Tilleul aime un sol léger, substantiel, et s'accommode de toutes les expositions. Les fonds lui conviennent mieux que les hauteurs.

Résineux.

L'Épicéa.

L'Épicéa croît particulièrement bien en montagne, dans des terrains légers, ou dans des terrains argileux, mais divisés par des graviers ou par des pierres. L'exposition au midi ne lui convient pas, et celle du nord est préférable aux autres.

Le Mélèze.

Le Mélèze veut un sol profond ; on ne doit le planter ni sur un sol argileux ou de sable aride, ni dans des endroits aquatiques ; il aime une température fraîche ; ainsi les plaines ou les hautes montagnes lui conviennent.

Les Pins.

Le Pin silvestre se contente d'un sol superficiel pierreux ou sablonneux, plutôt sec qu'humide. Ceux siliceux ou granitiques et exposés au nord semblent lui mieux convenir.

Le Pin laricio est aussi rustique que le Pin silvestre.

Le Pin du Lord Weymouth préfère les terrains profonds et les bas-fonds.

Le Pin maritime ne vient bien que dans le midi de la France, dans les plaines et dans les landes desséchées.

Le Sapin.

Le Sapin vient parfaitement, surtout à l'exposition du nord, sur toutes les montagnes, dans tous les terrains sablonneux, couverts de rochers, de grès ou de granit; enfin dans les argiles divisées.

Bonté des semences. — Époque de leur récolte et de leur semis.

Il sera toujours avantageux de pouvoir récolter soi-même les semences, celles que livre le commerce pouvant, soit par leur ancienneté, soit par une mauvaise manipulation, avoir perdu leur faculté de germer. Trois conditions concourent à la qualité des semences : 1° d'avoir reçu un germe fertile par une complète fructification ; 2° d'être parvenues à une entière maturité; 3° d'être bien récoltées et conservées.

Je donne ici les époques et les moyens les plus faciles de récolter les semences des diverses essences.

Aune.

La semence d'Aune mûrit à la fin d'octobre; elle est contenue dans de petits cônes. On les récolte à la main, on les étend sur un plancher et on les remue fréquemment. Lorsqu'ils sont bien secs, on les place sur des claies dans une chambre chaude, on les agite, et, lorsque la semence est entièrement tombée, on la sépare de la poussière avec le van. Cette semence doit se conserver au frais jusqu'en mars, époque où on la sème à raison de 10 kilogrammes par hectare.

Bouleau.

La semence du Bouleau est la plus difficile à traiter, étant délicate. Elle mûrit en août et en septembre. La maturité se reconnaît à la nuance brune que prend la semence dans des cônes allongés et pendants. Ces cônes restent intacts jusqu'en octobre; c'est l'époque a plus favorable pour les semis; car, mise en tas ou en sacs, elle s'échauffe très-facilement. Le froissement de la main paraît aussi lui nuire; aussi, lorsqu'on a à sa disposition des bouleaux, le mieux est d'en enlever des branches chargées de semence, que l'on plante de distance en distance sur le terrain auquel cette semence est destinée, et le vent se charge de sa distribution.

Si la semence est parfaitement nettoyée et privée de ses ailes, 2 kilogrammes par hectare suffisent; 30 kilogrammes, au contraire, sont nécessaires lorsque les cônes sont semés sans autre préparation que leur froissement.

Charme.

La semence de Charme mûrit à la fin d'octobre. Si le semis n'a pas lieu à cette époque, la semence a besoin d'être stratifiée. J'expliquerai en quoi consiste cette opération à l'occasion de la conservation des glands.

Il faut par hectare 40 kilogrammes de semence (1). Le semis d'automne lève au printemps; celui du printemps, l'année suivante seulement.

(1) La quantité de semence donnée ici est celle nécessaire pour un semis complet. Pour un semis par bandes, dont il sera question plus loin, la quantité peut être réduite d'un tiers.

Châtaignier.

Les châtaignes mûrissent en octobre; il est préférable de ne les semer qu'au printemps, car pendant l'hiver elles sont exposées à la pourriture et à la dent des souris. Il faut alors les stratifier. Elles lèvent après six semaines.

Chêne.

Les glands mûrissent en octobre; on les amasse lorsqu'ils tombent. La saison naturelle du semis est l'automne; cependant il est préférable d'attendre le printemps, car cette semence est exposée aux attaques de plusieurs animaux. Pour les conserver on les stratifie dans du sable. Cette opération consiste à placer, soit dans une fosse, soit dans des caisses ou tonneaux disposés dans un lieu frais, alternativement une couche de glands de l'épaisseur de 5 centimètres, et une couche de sable sec qui les recouvre entièrement. On les enlève au mois d'avril avec précaution, car le germe est sorti, et on les plante immédiatement.

Érables.

La semence mûrit en octobre. Si le semis est différé jusqu'au printemps, il faut stratifier. On emploie 30 kilogrammes de semence par hectare.

Frêne.

On récolte la semence en octobre; elle se traite et se sème en quantité égale à la précédente; mais il est rare qu'elle lève avant la deuxième et même la troisième année.

Cependant plusieurs forestiers assurent que les graines de Frêne cueillies en juin, enterrées dans des rigoles pour être semées au printemps, lèvent quelques jours après. Ils appliquent la même remarque aux graines de Charme.

Hêtre.

Les faînes se récoltent en automne; il est préférable de les semer immédiatement; néanmoins, stratifiées, elles peuvent se conserver jusqu'au printemps. On en emploie 4 hectolitres par hectare.

Robinier.

Les gousses qui contiennent les graines sèchent dès le mois de septembre ; mais ces graines ne s'échappent qu'au printemps par l'effet des hâles de mars ou d'avril. Il est d'autant plus à propos de suivre cette indication de la nature, que le jeune semis est très-tendre, la graine levant à la manière des fèves. Ce n'est qu'au mois de mai que les semis sont bien assurés. 12 kilogrammes de semence par hectare sont suffisants.

Orme.

La semence d'Orme est la première à récolter, car sa maturité arrive dès le mois de juin. On peut la semer de suite en pépinière, elle lèvera dans un terrain frais.

Tilleul.

Les semences mûrissent dès le mois d'août. En semant immédiatement, elles lèvent dès la première année.

Résineux.

Épicéa.

La semence d'Épicéa mûrit en octobre. Les cônes ne s'ouvrent naturellement qu'au mois d'avril : on peut donc les récolter pendant l'hiver, puis les étendre sur le plancher d'une chambre modérément chauffée. Ils s'ouvrent lorsque la chaleur a dissous la résine qui tient les écailles fermées, et la semence s'échappe facilement ; on la froisse pour enlever les ailes. Ainsi préparée, il en faut 12 kilogrammes par hectare.

Cette semence, comme en général celle de tous les résineux, est très-recherchée des oiseaux ; il faut donc l'exposer le moins de temps possible à leur pillage, aussi l'époque la plus assurée est-elle la fin d'avril. A cette époque, les passages des granivores sont terminés. D'un autre côté, la terre est déjà échauffée, les semis lèvent promptement, et les gelées tardives, funestes pour le jeune plant, ne sont plus à craindre. Cette observation s'applique à tous les résineux dont je vais parler.

Mélèze.

La semence mûrit en novembre; on ne récolte que les cônes de l'année, qui se reconnaissent à leur couleur moins foncée, car on sait que les cônes se détachent difficilemende cet arbre, et que ceux des années précédentes, après s'être ouverts et avoir laissé échapper leur semence, se referment et reprennent leur adhésion primitive. Cette adhésion des écailles est telle, qu'il est très-difficile de les faire ouvrir artificiellement.

C'est en plaçant les cônes sur des claies, à une température assez élevée, qu'on obtient la semence qui, bien pure, s'emploie à raison de 6 kilogrammes par hectare.

Pins.

Ce qui a été dit de la semence de l'Épicéa s'applique à celle des Pins, qui mûrit à la même époque. La quantité à employer est la même.

Sapin.

La semence du Sapin mûrit dès la fin de

septembre, et s'échappe immédiatement. On doit la conserver au frais, et la semer à raison de 25 kilogrammes par hectare.

Opérations de semis.

Lorsqu'on a choisi l'espèce d'arbre qui convient au sol ou à l'exposition, et qui, suivant les circonstances locales, doit donner les produits les plus avantageux, on doit s'occuper de préparer le terrain pour recevoir la semence. Si ce terrain est entièrement nu et accessible à la charrue, la méthode la plus économique est d'employer cet instrument.

Je ne conseillerai point de labourer entièrement le terrain; cette méthode, qui semble bonne en théorie, ne l'est point en pratique. Par ce labour complet, la terre est trop meuble pour la plupart des semences, le gland excepté; le semis n'a point d'abri; il est exposé aux ardeurs du soleil, à la violence des vents qui fatiguent les jeunes tiges; enfin il est plus sujet au déchaussement. Mais je conseillerai d'ouvrir, avec un soc un peu large, des sillons espacés d'un mètre. La charrue fait ainsi cinq fois plus d'ouvrage que par la première méthode, et les inconvénients reprochés à la première existent bien moins dans la seconde. En effet, la bande de terre étant enlevée et renversée du côté opposé au midi toutes les fois que ce sera possible, le jeune semis est à l'abri de l'ardeur du soleil, il est préservé du froid par la neige qui s'accumule dans ces sillons. La terre de la bande retournée, en tombant peu à peu dans le sillon par l'effet des pluies ou des gelées, rechausse le plant. Enfin ces sillons permettent d'ameublir le sol suivant le genre de semences que l'on doit lui confier, et cette circonstance est importante, comme on le verra plus tard.

Si le sol est trop pierreux, accidenté ou couvert de hautes herbes et de bruyères, pour permettre à la charrue d'y fonctionner on exécutera à la main un travail analogue. Des ouvriers munis de pioches ouvriront des bandes en se disposant de la manière suivante. Deux tracent horizontalement la première bande en commençant par le sommet, si le terrain est en pente : le premier enlève les herbes, bruyères ou gazon, sur une largeur de 40 centimètres environ ; le second pare et égalise le sillon ; deux autres ouvriers, placés à un mètre au-dessous, reprennent un second sillon dès que les premiers les ont devancés de 2 ou 3 mètres, afin de ne point se gêner, et ainsi de suite; en sorte que, arrivés à l'extrémité du terrain, les ouvriers reviennent successivement au-dessous du point de départ des derniers, et se succèdent ainsi avec ordre et sans interruption.

Cette seconde méthode est la seule applicable aux clairières des forêts, soit qu'il s'agisse d'un semis artificiel ou d'un semis naturel.

Je ne dois pas passer sous silence la préparation du sol par l'écobuage, qui convient surtout dans des terrains où il y a une forte couche de gazon. Cette méthode, qui assure la réussite du semis, en fertilisant le sol et en le privant d'herbes qui, souvent mal enlevées, repoussent et étouffent le semis, consiste à enlever, au moyen d'outils appelés fossoirs, le gazon soit sur toute la surface, soit dans les bandes seulement; à faire sécher ces mottes en les remuant par le temps sec ; enfin à les brûler par petits tas que l'on répand ensuite à la surface.

Quelle que soit la méthode, le terrain étant ainsi préparé dès l'automne autant que possible pour les semis de printemps, je vais examiner chacune des essences que j'ai déjà énumérées ; les soins à apporter à leur semis, et l'entretien qui lui convient.

Aune.

L'Aune, comme on l'a vu, aime les terrains frais. Cette condition d'humidité est indispensable pour la réussite du semis ; mais il ne faut pas que cette humidité soit stagnante. C'est pourquoi, si le sol était imprégné d'eau qui nécessairement se retirerait et croupirait dans les bandes ouvertes, soit à la charrue, soit à la main, il faudrait faire, de distance en distance et dans le sens de la pente, des saignées plus profondes que les bandes pour épuiser cette eau.

Le sol a peu besoin d'être ameubli, et la semence doit être très-peu recouverte ; aussi suffira-t-il de piocher légèrement le fond des bandes, et de répandre sur ces petites mottes la semence qui sera suffisamment recouverte par la première pluie.

Le semeur, pour cette semence comme pour toutes celles qui sont fines, la prend à trois doigts, marche sur le côté gauche de la bande, semant ainsi à sa droite par un mouvement de va-et-vient du bras droit.

Le semis d'automne lèvera au printemps, et celui du printemps six semaines après qu'il sera fait. S'il a bien réussi, trois ans après il sera nécessaire d'éclaircir, et il fournira de nombreux plants.

Semis du Bouleau.

Le semis du Bouleau exige la même préparation que celui de l'Aune; comme lui il veut un sol peu ameubli, et encore plus, que sa semence soit peu couverte; aussi doit-on profiter d'un temps pluvieux pour semer. La semence appliquée par l'effet de la pluie sur la terre sera dans des conditions suffisantes pour germer promptement. Rarement on sème le Bouleau seul, mais avec d'autres essences, comme il sera conseillé plus loin. Ce sera donc après que l'opération du semis de ces autres essences sera terminée, qu'on répandra la semence du Bouleau.

Semis du Charme.

Cette semence veut être enterrée assez profondément et sur un sol meuble. La manière la plus favorable à sa réussite consiste à donner dans les bandes un défoncement à la houe, puis à semer sur les mottes, et les casser ensuite avec le même instrument ou avec un râteau de fer.

Cette semence est très-longue à lever; celle mise en terre en automne germe seulement dans le courant de l'été. On doit préférer cette saison, car le printemps recule d'une année, pendant laquelle la semence est exposée aux souris ou insectes, et le sol à l'envahissement des herbes. Ce semis fournit ordinairement une quantité de plants que l'on doit extraire tous les trois ans jusqu'à ce que les brins soient à distance convenable. Sans cette précaution, ils restent grêles et s'élancent sans grossir.

Semis du Châtaignier.

On sème rarement en place le Châtaignier; ce n'est ordinairement que dans les clairières qu'on emploie ce mode de repeuplement.

Une châtaigneraie s'établit au moyen de plants extraits de pépinière. En effet, la semence est coûteuse, le plant délicat dans les premières années; il faut donc pour cet arbre des soins particuliers qui seront expliqués à l'article *Pépinière*.

Lorsqu'on sème en place les châtaignes, l'ouvrier les dispose en ligne dans les bandes, en ouvrant avec son outil de petits trous d'environ 5 centimètres de profondeur dans lesquels une autre personne dépose deux de ces fruits, que du même mouvement de son outil il recouvre. Après deux ans on enlève un des deux plants, qui sert à remplacer ceux qui n'ont point levé. A quatre ans on recèpe toutes les tiges, le pied repousse alors vigoureusement et fournit une cépée de plusieurs brins.

Semis du Chêne.

On pourrait dire que c'est par le semis seul qu'on obtient un repeuplement de Chênes. En effet, le jeune plant pivotant assez profondément, il est difficile à extraire comme à planter. Le gland, au contraire, se récolte certaines années en grande abondance, se conserve bien stratifié, et, semé dans de bonnes conditions, devance toute plantation de ê n e essence.

Dans un terrain entièrement nu, on peut, après un labour préparatoire donné deux mois avant l'époque à laquelle on veut semer, répandre les glands à la volée, puis herser, en sorte que les interstices des mottes soient comblés en recouvrant ainsi les glands de 4 à 5 centimètres.

La précaution de labourer assez longtemps avant le semis est utile en ce que, la terre étant raffermie, les souris, très-friandes du gland, n'ont plus la facilité de suivre, sous les sillons, des passages naturels qui facilitent leur pillage, et les amas qu'elles font pour l'hiver.

Je ne conseillerai jamais de semer avant le labour, ou de placer le gland dans le sillon ouvert en suivant la charrue, la semence ne peut pas se trouver dans de plus mauvaises conditions.

Si le terrain n'est point accessible à la charrue, ou qu'il s'agisse de repeuplement de clairières, on plantera les glands deux à deux et de la manière suivante :

Si c'est dans des bandes ouvertes, ce qui est toujours préférable, l'ouvrier, en avançant, fera, dans les bandes et en les contrariant, des trous d'un seul coup de pioche, et sans sortir la terre qu'il soulèvera seulement en la tirant un peu à lui ; une autre personne, qui peut être un enfant, portant les glands dans un tablier, en jettera deux au-devant de l'outil qui glisseront dans le trou, et aussitôt l'ouvrier laissera retomber la terre ameublie par la préparation des bandes

Deux personnes peuvent ainsi planter un hectare par jour.

Si l'on n'a pas pris la précaution de préparer ainsi le terrain, et qu'il soit couvert de gazon ou bruyère, l'ouvrier planteur écartera d'abord ou le gazon ou la bruyère sur une largeur de deux fois le fer de son outil, puis fera le trou en en ameublissant la terre par plusieurs coups répétés; enfin il soulèvera cette terre pour permettre au semeur d'y déposer les glands. Cette opération, moins parfaite que la première, sera aussi beaucoup plus longue; l'économie ne devra jamais la faire préférer.

A quatre ans on éclaircit le semis et on recèpe tous les plants rabougris, ou qui ne filent pas droit. Cette opération du recepage, dont il sera question plus loin, est principalement utile pour le Chêne.

Semis d'Érables.

Les divers Érables, notamment le plane qui croît le plus promptement et qui fournit un excellent bois, veulent un sol bien ameubli pour leurs semences qui se répandent sur la terre grossièrement remuée à la houe, et que l'on égalise après le bêcher fait avec soin au moyen du même outil. Cette méthode, qui, je le répète ici, convient parfaitement aux semences grosses, est bien préférable à celle conseillée de l'emploi d'un fagot d'épine, ou même du râteau passé sur le semis. Si elle est un peu plus longue et, par suite, un peu plus dispendieuse, elle est bien plus certaine. La semence d'Érables lève dès la première année.

Semis du Frêne.

Ce semis se fait de même que le précédent; mais, s'il est fait tardivement et après que la semence s'est séchée, il est deux ans et même plus à lever. On ne doit le tenter que dans les fonds ou terrains frais.

Semis du Hêtre.

Le semis du Hêtre a besoin d'abri; il sera donc préférable de le faire par bandes un peu plus profondes que celles des autres semis, en ayant soin de retourner la bande du côté du midi, si le travail est fait à la charrue, ou d'amonceler de ce côté les gazons ou bruyères extraites à la houe, afin de lui procurer le plus d'ombrage possible.

Ce qui a été dit pour la semence de Charmes ou d'Érables convient à la faîne. Dès la troisième année il sera nécessaire d'éclaircir.

Il en est de ce semis comme de celui du Charme; trop de rapprochement entre les plants les rend grêles et effilés et, si l'espace leur est donné trop tard, ils ne prennent plus de corps et se courbent, ce qui nécessite un recepage qui eût été inutile à des plants de semis.

Semis d'Orme.

La semence d'Orme, étant excessivement délicate, ne se sème qu'en pépinière et à l'abri de l'ardeur du soleil. Les plants en peuvent être extraits à deux ans pour la plantation en place, mais il y a avantage à prendre les plants à un an, et à les repiquer en pépinière pour y attendre les besoins ou la taille nécessaire au but qu'on se propose.

Semis du Robinier.

La semence d'Acacia, levant avec ses feuilles séminales et, par conséquent, perçant la terre avec ses cotylédons, exige plus qu'aucune autre une terre émiettée et douce. Ce n'est que lorsque le terrain peut être amené à ces conditions que l'on doit tenter le semis, cette semence étant rare et chère. Plus ordinairement on sème en pépinière, et dès la première année on obtient du plant de 1 mètre de hauteur dont la reprise est facile.

Le semis peut présenter de l'avantage en lisière, et voici comme il doit se traiter : on ameublit avec soin la terre des bandes; on égalise, puis on sème à la manière déjà expliquée, et on passe un coup léger de râteau. Si la terre est légère, très-divisée et sèche, un simple piétinement avec de larges sabots convient très-bien aussi.

Il est indispensable de ne semer qu'au mois de mai, car ce semis craint les gelées tardives. D'ailleurs il lève très-promptement.

Semis du Tilleul.

Le Tilleul se sème très-rarement en place, mais bien en pépinière. Un sol bien préparé et frais lui est nécessaire, surtout si on le sème dès l'époque de la maturité de la semence qui a lieu au commencement d'août. La semence réunie en grappes a besoin d'être nettoyée à la main et doit être recouverte de 2 centimètres.

Résineux.

Semis de l'Épicéa.

Pour ce semis comme pour celui de tous les autres résineux, je conseillerai toujours celui fait dans des bandes, car il a tous les avantages d'économie de semence et d'abri pour le jeune plant.

Le semis d'Épicéa ne veut point d'ameublissement du sol, car le déchaussement lui est funeste, et l'on sait que le déchaussement a lieu lorsque, la terre étant imprégnée d'eau, la gelée vient la soulever et mettre à nu les radicules. Ce semis ne devant être effectué qu'au printemps, à la fin d'avril, c'est-à-dire lorsque la terre est déjà échauffée, et que d'ailleurs les passages des oiseaux granivores très-friands des semences résineuses sont terminés, la préparation se fait avant l'hiver. Le premier effet des gelées a suffisamment ameubli le fond de la bande, soit qu'elle soit ouverte à la charrue ou à la main, et la terre des bords du sillon ou de la bande retournée a assez garni le fond en tombant pour permettre à la semence d'être enterrée. On sème donc sans autre préparation au printemps, et on recouvre légèrement par un coup de râteau.

L'Épicéa gagne à être serré. A six ou huit ans les plus beaux brins dominent et filent très-droit. C'est à cet âge qu'on enlève le plant superflu qui a atteint la hauteur de 20 à 30 centimètres.

Semis du Mélèze.

Le semis du Mélèze exige une excellente préparation que commandent d'ailleurs le prix élevé de la semence et la rareté de cette précieuse essence. Lorsque la bande a reçu un bêcher à la houe, on égalise la terre, puis on sème et on recouvre avec le râteau, ou mieux par le piétinement dont il a, à l'occasion du Robinier, été question. A trois ans on éclaircit, et pendant trois autres années on enlève du plant jusqu'à ce que les sujets laissés soient à la distance d'au moins 1 mètre.

Semis des Pins.

Le semis du Pin silvestre s'exécute comme le précédent, et dans les mêmes conditions.

Cette essence, avantageuse en elle-même, comme on le verra lorsqu'il sera traité de la qualité des bois, devient précieuse lorsqu'elle est employée comme essence de transition destinée à former un abri protecteur aux autres semis faits simultanément ou sous son couvert.

Lorsqu'il s'agit de boisement dans un terrain découvert, exposé au vent ou aux ardeurs du soleil, de boisement au moyen d'essences mélangées ou résineuses, je pourrais presque dire que le Pin silvestre est indispensable. C'est ici le cas de faire ressortir ses avantages considérés sous ce point de vue.

Le Pin silvestre lève facilement; sa semence se récolte en abondance et n'est pas d'un prix élevé. Les brins grandissent serrés, sans intercepter l'air; ces qualités le rendent éminemment utile pour assurer un semis de Sapins ou d'Épicéas, soit qu'il soit fait simultanément, soit qu'il soit fait lorsque les Pins ont atteint la hauteur de 1 ou 2 mètres.

Dans le premier cas, la semence des deux essences se mêle, ou mieux les bandes sont alternativement semées en l'une et l'autre essence.

La plantation du Pin silvestre offrant très-peu d'avantage, les éclaircies se feront successivement par le retranchement à la serpe des brins les plus rapprochés des autres résineux qu'on veut conserver jusqu'à leur entière disparition.

Dans le second cas, les Pins, arrivés à l'âge de six ou huit ans, abriteront des deux côtés la bande ouverte à cette époque. Pour les autres résineux, la tige, qui ne souffre aucun contact, commandera l'élagage successif des branches latérales des Pins jusqu'au moment où, remplissant eux-mêmes l'intervalle des bandes, ils exigeront l'expulsion du protecteur devenu inutile, mais qui, à cette époque, fournira déjà un produit lucratif.

Dans le chapitre consacré aux semis ou plantations d'essences mélangées on verra quel rôle joue le Pin dans son mélange avec les autres essences feuillues ou résineuses. Les autres espèces de Pins, par leur qualité, méritent plus de soin dans leur semis et dans leur entretien que leur congénère.

Semis du Sapin.

Tout ce qui a été dit du semis de l'Épicéa s'applique à celui du Sapin, à l'exception que la semence doit être plus enterrée et confiée à la terre immédiatement après sa récolte.

Du semis naturel.

Les semences qui tombent des arbres lors de leur maturité assurent, sans le secours de l'art, l'entretien et la durée perpétuelle des forêts. Dans l'exploitation, il faut ménager cette ressource précieuse. Ces arbres porte-graines garantissent, en outre, contre l'ardeur du soleil, la sécheresse, les frimas et la crue des herbes nuisibles, les plants que leurs semences ont produits pour cette continuelle régénération. Mais d'une part ces semences peuvent rencontrer des obstacles ou des conditions peu favorables à leur germination; d'autre part l'augmentation progressive de la consommation du bois et la diminution du sol forestier ne permettent plus d'attendre de la nature seule, dont la marche est toujours lente, des repeuplements suffisants pour remplacer les vides qu'opère tous les jours l'excessive consommation exigée par les besoins des populations et de l'industrie.

Il est donc nécessaire de seconder les efforts de la nature, de diminuer autant que possible les obstacles qui retardent ses progrès, et enfin d'employer tous les moyens pour établir un rapport entre le repeuplement et la consommation.

Une opération mixte entre le semis abandonné à la nature et le semis artificiel dont il a été question peut favoriser la germination, une répartition plus égale des semences et, par suite, un repeuplement beaucoup plus avantageux ; c'est de cette dernière opération que je dois m'occuper.

L'ensemencement naturel se fait différemment dans les forêts de bois feuillus et dans celles d'arbres résineux. Il convient d'étudier ces différences, et les divers moyens qui devront être expliqués pour concourir au succès des semis.

Les bois feuillus portent, ou des semences pesantes, qui ne tombent que dans le périmètre couvert par leurs branches, ou peu au-delà, comme le gland, la châtaigne, la faîne; ou qui, ailées, sont disséminées par les vents à 40 ou 50 mètres, telles que celles des Érables, des Frênes, du Charme; ou enfin de plus légères qui sont transportées à d'assez grandes distances, telles que celles de l'Aune, du Bouleau.

Les arbres résineux portent, tous, des semences ailées et légères qui s'envolent d'autant plus loin qu'elles s'échappent du sommet même de l'arbre où sont, en général, groupés les cônes.

La connaissance de ces propriétés des graines apprend quelle est, pour chaque espèce, l'étendue des repeuplements naturels en jeunes plants qu'il est permis d'attendre des arbres porte-graines, et, par conséquent, quel est le nombre de ces arbres à conserver lors de l'exploitation; quelle doit être, enfin, leur distribution pour faire tourner au profit des repeuplements tous les avantages offerts par la nature.

Pour favoriser cet ensemencement dans les clairières des forêts, on ouvrira des bandes avant la maturité des semences, en sorte que celles-ci, entraînées par le vent, viennent tomber sur une terre remuée. Ces bandes permettront encore de compléter par un semis artificiel les intervalles laissés par l'ensemencement naturel. Je renverrai, pour cette méthode, à ce qui a été indiqué pour les semis artificiels.

Un autre moyen moins sûr peut-être, mais plus économique, consiste à faire arracher les Genêts, Bruyères, ronces ou épines, après la dispersion des semences. Cet arrachage est suffisant pour enterrer les semences, et convient parfaitement pour celles de Hêtre et de Sapin.

Pour les ensemencements de Sapin ou d'Épicéa, on conservera des massifs au midi, des vides et des clairières, car, d'une part, on sait que cet arbre ne peut être abandonné en baliveau et isolé sans danger, et, d'autre part, les vents du midi sont généralement ceux qui font ouvrir les cônes et entraînent les semences. Mais on ne doit pas avoir cette crainte à l'égard des réserves de Pins silvestres : celles-ci répandent presque tous les ans leurs semences auxquelles elles donnent, dès qu'elles sont levées, les abris et l'ombre nécessaires dans les sols légers auxquels on confie ordinairement cette semence.

Frais des semis.

On conçoit qu'ils doivent varier suivant les localités et les terrains : suivant les localités, car le prix de la main-d'œuvre est plus ou moins élevé dans les unes que dans les autres; suivant les terrains, car l'exécution doit toujours être modifiée d'après la nature ou l'état du sol qu'on emploie. Voici néanmoins le devis moyen d'un semis dans les deux circonstances des bandes à la charrue et des bandes à la houe.

Dans un sol qui n'est point couvert de grands Genêts, de buissons ou d'épines, que d'ailleurs on peut arracher à la main, la charrue fonctionnera avec économie de temps et d'argent. La charrue Dombasle, ou araire à avant-train (1), étant très-solide et ouvrant un large sillon bien vidé, sera préférable toutes les fois que l'on pourra se la procurer. Avec

(1) Cette charrue, presque entièrement en fonte et en fer, d'une grande solidité, inventée par M. Dombasle, continue à être fabriquée à Nancy, où ont été transportés les ateliers de Roville.

cet instrument ou autre de la localité, on pourra, au moyen d'un fort attelage, préparer, pour le semis en bandes distancées de 1 mètre, environ 3 hectares par jour; le défoncement léger de ces bandes exigera par hectare quatre journées d'ouvriers, et le recouvrement des semences trois journées. Ces travaux, faits à la main sans le secours de la charrue, exigeront, par hectare, de vingt à vingt-cinq journées d'ouvriers.

Dans le premier cas, la dépense s'élèvera à 12 francs par hectare ; dans le second, de 30 à 38 francs. A ces frais doit être ajouté le prix des semences dont j'ai indiqué la quantité à semer. Lorsqu'on pourra récolter soi-même les semences, il y aura grande économie et sécurité.

A ces frais généraux doivent s'ajouter encore, suivant la position des lieux, ceux de fossés ou de clôtures sèches, soit en branchages ou en rebuts de planches, soit en murs à sec. Les fossés coûtent de 10 à 15 centimes le mètre courant. Le prix des clôtures varie comme celui des matériaux employés. Enfin la façon des murs à sec, de 1 mètre de hauteur, coûte 30 cent. par mètre courant.

Plantations.

Ce que j'ai dit relativement aux semis sur le choix du sol et des essences s'appliquant aux plantations, je ne répéterai point les considérations qui doivent guider le planteur.

Les plantations se font en jeunes plants élevés dans les pépinières ou extraits des forêts. Ceux élevés en pépinière sont infiniment préférables en ce qu'ils ont plus de chevelu, surtout s'ils ont été repiqués plusieurs fois, et on sait que le chevelu est indispensable, car c'est par tous les petits vaisseaux qui le composent que les sucs nourriciers absorbés arrivent aux racines, et de là à l'arbre.

Les plants arrachés dans les bois sont moins chers il est vrai, mais beaucoup inférieurs en qualité, et sont d'une reprise moins sûre. Ils n'ont, en effet, que peu de chevelu, et les racines sont, la plupart du temps, éclatées par l'arrachage dans un sol dur et envahi par une infinité de racines. La tige faible et étiolée, ayant vécu à l'ombre et à l'abri, se trouve bien plus exposée à l'action du soleil et de la gelée.

Les semis faits par bandes et dans un terrain découvert peuvent fournir des plants qui soient dans de meilleures conditions que ceux extraits des forêts ; cependant on devra toujours préférer ceux qui proviendront de pépinière. Mais, pour que ces plants ne soient pas trop dispendieux, le planteur devra lui-même faire ses pépinières quelques années à l'avance.

Pépinière de jeunes plants.

Le terrain qui sera choisi pour une pépinière devra être abrité, composé d'une terre franche, et être d'une fertilité moyenne. En effet, le but est d'obtenir promptement du plant et de belle venue. Je dis néanmoins que la fertilité doit être moyenne, car la pratique démontre que, dans un sol trop riche, les arbres qui ont pris dans leurs premières années un développement proportionné à la nourriture qu'ils ont trouvée abondamment, souffrent d'autant plus dans un sol moins fertile, que la transplantation a déjà diminué leurs racines, et par conséquent leur force vitale.

La première chose à faire pour l'établissement d'une pépinière, c'est le défoncement du sol. Ce défoncement doit être fait avec soin, et quelque temps avant l'emploi, afin que la terre ait été exposée aux influences de l'air, et suffisamment tassée par l'effet des pluies. Le terrain sera donc divisé par planches de 1 à 2 mètres, qui recevront les semences des diverses essences en saison convenable. Le semis devra être épais, recouvert au râteau et protégé contre l'attaque des oiseaux.

Le principal soin à prendre sera d'empêcher, par des sarclages répétés, l'envahissement du sol par les mauvaises herbes. A deux ans pour les bois feuillus, et à quatre ans pour les résineux à feuilles persistantes, le plant, s'il n'est pas mis en place, sera transplanté et offrira, l'année suivante, des brins d'une réussite beaucoup plus assurée, comme il a été dit.

Préparation du sol des plantations.

De même que pour les semis, je ne conseillerai point la culture complète du terrain à planter, soit à la houe, soit à la charrue, parce que d'abord cette opération est plus coûteuse; puis elle expose le jeune plant à être déchaussé par le trop grand ameublissement du sol; mais j'indiquerai une méthode analogue à celle des semis, économique, expéditive et plus sûre. Je distinguerai les terrains accessibles à la charrue, et ceux qui n'admettent que le travail manuel.

Dans un terrain accessible à la charrue, on ouvre des bandes distancées d'un mètre pour la disposition desquelles on suivra l'indication déjà donnée au chapitre des semis. Dans ces bandes, l'ouvrier ouvrira, de mètre en mètre, avec la houe, des trous proportionnés à la taille du plant, mais dans tous les cas assez larges et profonds pour qu'il trouve un défoncement toujours très-favorable au développement de ses racines. Ces trous devront être ouverts quelque temps avant la plantation, afin que leurs parois et la terre extraite soient saturées d'air, condition nécessaire pour rendre propre à la végétation cette terre inculte. Lors de la plantation, l'ouvrier enlèvera une portion de la bande retournée, composée, comme on le sait, de la meilleure terre, et la déposera au fond du trou, en ayant soin de tourner le gazon en-dessous ; le plant trouvera ainsi un fond fertile et riche en humus. Ces bandes, ouvertes à une profondeur de 10 à 15 centimètres, ont d'ailleurs l'avantage de recueillir les eaux de pluie qui entretiennent une fraîcheur utile au jeune plant pendant sa première végétation. Enfin, par son enfoncement et l'exhaussement de la bande retournée que l'on conserve vis-à-vis de lui, il est à l'abri des hâles desséchants ou des vents souvent funestes à la plantation.

Lorsque le terrain ne permet point l'emploi de la charrue, le travail se fait d'une manière analogue par bandes qui offrent les mêmes avantages, mais qui exigent plus de main-d'œuvre. Enfin, si le planteur recule devant la dépense qu'occasionne cette méthode, il emploiera celle qui est beaucoup plus expéditive, qui consiste à ouvrir en ligne des trous, disposés en quinconce sur un terrain qui n'a reçu aucune préparation. A cet effet, les ouvriers se placent les uns derrière les autres en commençant par la partie la plus élevée, et ouvrent des trous en lignes parallèles ; l'ouvrier placé immédiatement sous l'autre ayant soin de placer ces trous vis-à-vis l'intervalle des deux supérieurs. Les uns et les autres auront la précaution de séparer de la terre extraite le gazon, pour l'employer comme il a été dit plus haut.

Telles sont les méthodes les plus capables d'assurer le succès d'une plantation, tout en espaçant également les arbres entre eux. Aussi je ne parlerai point des repiquements faits par la charrue même, que quelques forestiers ont conseillés ; on conçoit que les plants mis dans le sillon ouvert, puis recouverts par le sillon suivant, et ainsi de suite, se trouvent dans les plus mauvaises conditions, et que bien peu doivent réussir, quelque meuble que soit la terre. Je ne conseillerai point non plus la plantation à jauge ouverte, qui consiste à ouvrir une tranchée, à y déposer le plant et à le recouvrir par la terre extraite de la tranchée parallèle. Cette méthode, quelque bonne qu'elle soit, ne peut être mise en pratique sans grands frais, et par conséquent ne peut convenir à un reboisement un peu considérable.

Époque des plantations.

L'époque est subordonnée à la nature du sol, à l'influence du climat et à la variété des essences. Il y aura toujours avantage à planter dès l'automne dans les terrains secs, élevés, exposés au midi, et dans les climats chauds. Les bois feuillus, à l'exception de ceux qui craignent la gelée, tels que l'Acacia, gagnent à être plantés dès l'automne, parce que, si la saison est douce, le plant forme déjà du chevelu qui contribue beaucoup à la végétation. On croit généralement que les essences résineuses ne doivent être transplantées qu'au printemps. L'expérience a dû prouver que les racines des résineux pourrissaient toutes les fois qu'elles étaient exposées longtemps à l'humidité en l'absence de la végétation, et de là on a induit que l'on ne devait transplanter cette essence qu'au moment où cette végétation commençait. On a pris l'exception pour la règle. En effet, la séve n'est jamais interrompue dans les résineux, même en l'absence de la végétation, et, toutes les fois que le lieu de la plantation n'exposera point les racines du plant à une humidité constante, non-seulement il n'y a point d'inconvénient à choisir l'automne, mais les racines du plant peuvent profiter dans cette saison inerte pour la tige ou les branches seulement.

En résumé, pour tout terrain sec ou non abrité des vents desséchants, l'automne est préférable, quelle que soit l'essence; pour tout terrain frais ou humide il sera plus prudent d'attendre le printemps.

De tous les arbres que j'ai énumérés dans ce traité, l'Acacia seul est excepté; sa végétation est tardive, le brin est généralement élancé, tendre, et, en l'absence de la séve, il est exposé à la gélivure. Le printemps seul convient à sa transplantation.

Plantation.

Le sol ainsi préparé et la saison devenue favorable, le planteur procédera à la mise en place du plant avec les précautions que je vais indiquer.

Taille des racines.

L'arrachage fait avec soin est la première condition. Si le plant est extrait de la pépinière, il s'enlèvera sans nuire beaucoup aux racines qui n'auront besoin d'aucune taille, surtout s'il a déjà subi une transplantation; s'il est enlevé des semis artificiels, quoique inférieur au plant de pépinière, il sera néanmoins bien préférable au plant de semis naturel, et, dans ce dernier cas, tout brin qui ne présentera point de chevelu devra être rejeté; les racines éclatées seront taillées en sorte qu'elles offrent une section nette. On observera de ne point retrancher le pivot dont certaines essences sont pourvues, comme le Chêne et le Sapin; mieux vaudrait le plier dans le cas où sa longueur ne permettrait point de l'enfoncer suffisamment. Dans aucun cas, les racines ou les branches des résineux ne seront touchées, car, dans ces essences, les racines ne se régénèrent pas plus que les branches aux endroits où elles ont été détruites.

Taille des branches.

Dans tout végétal ligneux, les branches

sont toujours en proportion des racines; les premières conduisent la séve aux racines, et réciproquement, ce qui constitue deux séves, celle descendante et celle ascendante.

Sur les arbres taillés comme sur ceux qui conservent toute leur tige, les bourgeons sont des branches qui n'ont pas encore pris leur développement, ou, en d'autres termes, les branches sont des bourgeons développés; or, il est reconnu en physiologie végétale que le développement des bourgeons est nécessaire à la formation des racines, que les branches ont un rapport déterminé avec les racines. Le côté d'un arbre où les branches sont les plus fortes et les plus nombreuses se trouve aussi être le côté de l'arbre où les racines sont les plus multipliées et les plus robustes. Les branches jouent donc le rôle principal, car il est évident qu'elles nourrissent les racines; que celles-ci périssent quand les branches souffrent; que celles enfin qui ne seraient pas nourries par la séve qu'elles sucent ne seraient que des canaux oblitérés, si la séve élaborée dans les feuilles des branches ne pourvoyait à leur conservation.

De ce qui vient d'être dit on concevra que,

si par l'arrachage le plant a été privé d'une partie de ses racines, on doit, pour rétablir l'équilibre, retrancher des branches dans la même proportion. Cette opération doit se faire avec précaution et intelligence. Si ce soin est laissé aux simples ouvriers, leur usage, fort expéditif, il est vrai, mais dont on sentira le mauvais effet, consiste à présenter un paquet de plants sur un bloc et de retrancher d'un seul coup d'instrument tranchant, d'abord les racines, puis le sommet du plant. Voici la manière d'opérer dont je donnerai le conseil :

L'ouvrier prend le plant un à un ; il ne taille que les racines éclatées sans jamais toucher au chevelu, et il coupe les branches latérales dans la proportion de la perte des racines sans retrancher la tige principale. Les premières branches du bas seront coupées très-près du brin ; les dernières qui couronnent la tige seront retranchées à deux ou trois yeux. Cette opération est plus longue, il est vrai, mais elle assure au plant une belle venue qui compense, et au delà, les frais qu'elle occasionne.

Un ouvrier habile peut tailler ainsi de deux à trois mille brins par jour. Il devra observer de mettre en jauge au fur et à mesure qu'il en aura un paquet terminé. Cette précaution, pendant l'arrachage, la taille et la plantation, est essentielle; quelques heures de hâle ou de soleil font aux racines un tort irréparable.

Mise en place.

Le plant est ensuite déposé dans le trou. Pour que sa mise en place soit faite avec tout le soin que nécessite l'opération, de laquelle dépend en majeure partie le succès de la plantation, deux ouvriers sont nécessaires; l'un tient le plant verticalement, après avoir étendu les racines dans le trou dont le fond est garni d'un gazon renversé, comme je l'ai déjà indiqué; l'autre, de son outil, enlève la terre la plus meuble et la plus végétale, en recouvre les racines, tandis que le premier secoue légèrement le brin, afin de faire descendre cette terre dans tous les interstices; enfin, une nouvelle portion de gazon retourné, que l'on pressera légèrement, viendra consolider le plant et conserver la fraîcheur à son pied.

Cette méthode de planter doit faire comprendre l'utilité et l'avantage des bandes. En effet, le sillon ouvert permet de séparer la terre meuble du gazon, et de recouvrir immédiatement les racines avec cette terre la plus végétale que l'ouvrier peut prendre facilement sur l'ados de la bande retournée.

Cette méthode plus longue et plus dispendieuse que celle employée généralement, et qui consiste à placer d'une main le plant dans le trou et à pousser de l'autre et indistinctement la terre que l'on foule ensuite, est incomparablement plus sûre, et donne des résultats qui compensent en peu d'années les frais de main-d'œuvre qu'elle occasionne. On conçoit, en effet, que des racines pliées et froissées sont plusieurs années à reprendre leur direction dans tous les sens, et que, par conséquent, pendant tout le temps le plant a végété. D'ailleurs, dans cette manière de procéder, il faut un plus grand nombre de plants, car le planteur sait lui-même qu'une partie doit manquer, et que, s'il le mettait à distance, bientôt des clairières se feraient remarquer.

Je ne saurais donc trop engager le planteur à mettre tous ses soins à cette opération qui, plus coûteuse en apparence pour le présent, est certainement économique pour l'avenir; mieux vaut assurer par ses soins la réussite de mille brins dans un espace donné que d'en livrer aux chances du hasard quinze cents dans le même espace, le prix de main-d'œuvre du premier moyen fût-il double.

Je conseillerai encore un moyen plus soigné, et que j'ai toujours employé avec succès pour les plantations de petits brins, tels que Sapins, Épicéas ou Mélèzes; c'est, après l'ouverture des trous, de faire recouvrir les plants à la main sans outils. Cette opération, qui semble minutieuse et onéreuse, l'est moins que l'on peut le croire. Un ouvrier plante ainsi par jour de mille à douze cents brins, façon des trous non comprise. J'ai vu, par expérience, qu'il était préférable de payer l'ouvrier à la journée, plutôt qu'à la façon par mille; tout ce que j'ai dit précédemment en fera comprendre les raisons.

En déposant le plant, on observera de le placer un peu plus profondément qu'il n'était, et de comprimer la terre alentour, surtout si la plantation a lieu en automne; car l'effet des pluies et des neiges tassera cette terre, et le plant se trouvera moins exposé au déchaussement ; le Bouleau exige plus qu'aucun autre cette compression à son pied.

Dans les plantations faites au printemps, cette pression doit être beaucoup plus légère, n'étant destinée qu'à empêcher la pénétration des hâles desséchants, sans mettre obstacle à l'infiltration des eaux pluviales.

Plantations et semis simultanés.

Si on a employé, comme je l'ai conseillé, la méthode des bandes pour la plantation, on conçoit qu'il est très-facile d'utiliser une partie des travaux qui réellement ne servent point à la plantation, en semant, en essences variées, les bandes dans l'intervalle des trous ; semis simultané qui produira un nombre considérable de plants pour des plantations successives, ou permettra de remplacer par des brins pris sur place ceux qui n'auraient point réussi.

Soins à donner aux plantations.

On a beaucoup conseillé de cultiver les plantations pendant les premières années. Cette opération, qui serait très-difficile et coûteuse dans les terrains qui n'ont subi aucune préparation, pourrait être exécutée dans ceux divisés en bandes; mais, à moins qu'il ne s'agisse de brins très-petits et délicats, on peut s'abstenir de faire cette culture longue et très-dispendieuse. Pourvu que la flèche des brins dépasse les herbes, ils ne paraissent point souffrir de leur voisinage; mais il sera essentiel, indispensable même, d'enlever les Genêts qui pourraient envahir le sol et étouffer la plantation en la dominant. Ce produit, d'ailleurs, a toujours une certaine valeur, ne dût-il payer que la main-d'œuvre.

On défendra la jeune plantation contre les bestiaux par une clôture, dont le fossé est la plus facile et la moins coûteuse. Ce genre de clôture prend, il est vrai, assez d'espace; néanmoins il dépasse peu la limite que la loi a fixée aux arbres à haute tige, entre les héritages voisins.

Des rigoles d'assainissement seront ouvertes partout où les eaux séjourneront, partout où régnera une humidité constante.

Enfin on aura soin de remplacer, chaque année, les plants qui auront manqué, ou de receper ceux dont la tige sera sèche ou brisée.

Élagage et jardinage.

Ces opérations, dont la première comprend le recepage, sont éminemment utiles, et deviennent même indispensables, si on veut assurer l'avenir d'une futaie ou d'un taillis.

Le recepage, dont on a trop généralisé les inconvénients ou les avantages, est, lorsqu'il est fait judicieusement, une opération très-favorable. Elle consiste à couper, près de terre et d'une manière bien nette, les brins tortueux, grêles, ou dont la tige n'a point reçu assez de séve pour se développer, ou enfin qui, en absence totale de séve, s'est desséchée. Quelques auteurs ont conseillé de receper les bois feuillus au moment même de la plantation. Cette pratique n'est justifiée ni par la théorie ni par le résultat (1). En effet, d'une part, les chevelus, la première année, ne peuvent puiser dans le sol, pour la transmettre au tronc mutilé, qu'une faible quantité de séve; d'autre part, le recepage arrête momentanément le développement des racines en supprimant la séve descendante, puisque l'on sait que les branches se développent toujours en proportion des racines, et *vice versâ*. Ces inconvénients ne paraissent plus avoir lieu la seconde année; bientôt après le recepage fait au commencement de la seconde année, une tige s'élance du tronc devenu vigoureux comme les racines, et c'est alors qu'on reconnaît l'efficacité de cette méthode favorable à presque toutes les essences feuillues, mais principalement aux Châtaigniers, Frênes et Bouleaux.

Que le planteur ne se laisse point arrêter

(1) On peut citer cependant, comme exception, la forêt de Compiègne, où 8,000 hectares de bois ont été plantés depuis soixante-dix ans, d'année en année, au moyen du recepage. Mais il faut dire que, dans cette forêt de la couronne, des travaux exceptionnels ont été exécutés pour la préparation du sol et des plants. La vigueur de ces derniers a pu fournir de belles tiges dès la première année ; mais, dans ces conditions peu ordinaires, l'expérience n'est pas décisive.

par le regret de raccourcir un plant qui semble déjà avancé, toutes les fois que ce plant sera chétif ou mal venant ; mais qu'il le coupe près de terre, et bientôt il verra un rejet droit, sans branches, qui, dès la première année, aura dépassé la hauteur que le plant primitif avait mis plusieurs années à atteindre.

Cette opération trouve beaucoup plus rarement son application dans les plants provenant de semis en place; mais on conçoit qu'elle doit la trouver souvent dans une plantation, quelque soin qu'on ait mis à son établissement, et on ne devra jamais négliger de l'employer, si ce n'est d'une manière générale, au moins dans toutes les circonstances dont j'ai parlé.

L'élagage est destiné à faire prendre de l'accroissement à la tige en lui reportant une plus grande quantité de séve par le retranchement des branches latérales. Cet élagage a aussi un autre but, c'est d'empêcher les tiges d'arbres plus jeunes d'être froissées par le contact des branches latérales des plus grands, ou a pour but de donner de l'air à des semis naturels ou artificiels qui se montrent sous cet abri. Cet élagage doit être fait avec soin et intelligence, en se conformant aux préceptes suivants. On enlève, sur les arbres à feuilles caduques, les branches du bas avec un instrument bien tranchant, très-près du tronc, sans endommager l'écorce, on raccourcit seulement celles qu'il paraît utile de conserver, pour ne pas diminuer subitement la masse du feuillage. Dans tous les cas, on ne fera cette opération qu'en l'absence de la séve, c'est-à-dire de novembre à mars.

Quant aux arbres résineux, on doit être très-sobre d'élagage, car la cicatrice laisse échapper la séve et la résine, ce qui nuit beaucoup à cette essence. Les Sapins et les Épicéas, croissant en massif, se dépouillent eux-mêmes du superflu de leurs branches, qui sèchent et tombent.

Le Mélèze craint moins l'ébranchage, mais il ne doit être fait que progressivement.

Le Pin n'aurait point besoin d'élagage, s'il devait s'élever en massif; mais, comme la plupart du temps il est destiné à servir d'abri à un semis ou à une plantation, on l'élague dans le but que j'ai expliqué.

L'usage généralement adopté pour les résineux est de ne pas retrancher les branches près du tronc, mais de laisser un chicot qui se dessèche et tombe, ou que l'on casse plus tard ; cette méthode est mauvaise, comparée à celle qui veut qu'on retranche très-près du tronc; car ces chicots ne tombent jamais d'eux-mêmes, et ils finissent par être enveloppés dans l'arbre, ce qui produit des nœuds dans la planche; puis l'enlèvement de ces chicots est long, puisqu'il exige, pour ainsi dire, un second élagage, et que d'ailleurs, en les frappant, ils éclatent ordinairement intérieurement et inégalement, ce qui cause des défauts dans le bois. Toutes les fois donc que les circonstances exigeront l'élagage des résineux, je conseille de le faire de la même manière que pour les bois feuillus.

Il arrive souvent qu'il s'élève sur les résineux plusieurs flèches verticales ; comme ces arbres ne doivent en avoir qu'une pour obtenir leur développement naturel, il est nécessaire de retrancher les moins belles flèches, soit en les cassant , lorsqu'elles ne sont encore qu'herbacées, soit, ce qui est mieux, en les contournant ou nouant , en sorte qu'elles périssent sans faire perdre la séve à l'arbre, ou reprennent une forme horizontale.

Le jardinage consiste dans le retranchement des tiges moins belles que les autres, et trop rapprochées pour qu'elles ne se nuisent pas mutuellement. C'est plutôt dans le semis qu'il a lieu, à l'âge de 6 ou 10 ans. Lorsque, comme je l'ai conseillé, on s'est servi du Pin pour commencer un boisement en toute autre essence, le jardinage, combiné avec l'élagage, devient nécessaire dès la sixième année, et se poursuit successivement jusqu'à ce que cette essence transitoire ne reste plus que dans les vides. Cette opération, renouvelée tous les deux ou trois ans, fournit, les premières années, un fagotage qui indemnise des frais; et, dès l'âge de 12 à 15 ans, du bois de chauffage dont la valeur peut s'élever à 100 fr. par hectare.

Frais de plantations.

J'ai dit que l'économie doit présider à toute entreprise de reboisement, mais cette économie doit être une économie raisonnée. En effet, il serait absurde d'économiser sur la qualité du plant, sur le temps nécessaire à préparer ses racines et ses branches, enfin sur les soins de sa mise en place; ce n'est que sur les moyens préparatoires que j'ai entendu la recommander, moyens qui, comme ceux que j'ai conseillés, donnent un bon résultat, avec économie de temps et d'argent.

Dans une plantation faite par bandes, les frais, terme moyen, peuvent être ainsi établis par hectare :

Ouverture des bandes à la charrue.	6 f	» f
Ouverture des bandes à la main. .	»	30
Façon d'environ huit mille trous dans ces bandes.	8	8
Huit mille plants, s'ils proviennent de pépinière.	80	80
Taille et plantation, à raison de 4 fr. par mille.	32	32
	126 f	150 f

On conçoit que la dépense se réduit beaucoup lorsque les plants sont cédés au prix de 3 fr. par l'État ou par les communes, ou lorsqu'on les obtient soi-même de pépinière. Enfin ces frais sont diminués du prix des bandes dans les plantations faites sans cette préparation.

Considérations générales sur le choix de l'un ou de l'autre moyen de repeuplement.

Les diverses méthodes que je viens d'indiquer sont destinées soit au repeuplement des clairières de forêts, soit au boisement de terrains entièrement vides. Dans l'un ou dans l'autre cas, on doit choisir un mode de repeuplement particulier, ou en employer plusieurs à la fois pour se procurer, avec le plus de promptitude et le moins de frais possible, les meilleures qualités et quantités de bois. Je vais traiter chaque cas en particulier, et donner sur chacun une méthode qui puisse y convenir.

Lorsqu'il s'agit de repeupler des clairières de bois feuillus, si ce sont des futaies qui les entourent, un ensemencement naturel dans des bandes préparées conviendra; si, au contraire, ce sont des taillis, on emploiera la plantation, en observant de la faire dans les premières années de la coupe, afin qu'elle ne soit poini dominée.

Dans les clairières des résineux, le semis naturel ou artificiel sera plus facile et plus assuré : plus facile en ce que, dans ces forêts, les clairières proviennent ordinairement de deux causes ou d'un dépeuplement occasionné par les vents, les avalanches et autres causes semblables ; alors le sol reste embarrassé de racines, de troncs et de souches qui, sans empêcher un ameublissement léger de la superficie, rendent très-difficile la façon des trous : ou ces clairières existent par suite d'amas de pierres provenant de la désunion de rochers, amas qui s'opposent absolument à l'ouverture de trous, mais qui permettent encore, par leur déplacement par bandes, de trouver un asile pour les semences.

Il sera plus assuré en ce que le semis de Pins, n'ayant point besoin d'abri comme celui des autres résineux, servira, soit à ce repeuplement, soit à protéger le semis naturel ou artificiel des autres résineux.

Des considérations que peuvent faire seuls apprécier l'état des lieux, le prix des semences ou du plant, enfin celui de la main-d'œuvre, décideront le planteur à choisir l'une ou l'autre méthode lorsqu'il s'agira de boisement nouveau dans des terrains entièrement vides. Néanmoins il observera que les semis sont moins dispendieux que les plantations, mais plus longs ; que le Pin, dans presque toutes les circonstances, doit, de préférence, être semé; que les plantations de Sapins et d'Épicéas, faites avec soin, ont une avance de cinq ans au moins sur le semis; que le Chêne, le Hêtre, les Frênes et les Érables donnent, par le semis, de plus beaux sujets; qu'enfin toutes les autres essences dont j'ai parlé sont, par la plantation, d'une reprise facile.

Des avantages procurés par le choix des essences.

Toutes les considérations présentées dans ce manuel pour guider le planteur, rigoureuses pour une bonne pratique, n'excluent pas cependant le choix des essences qu'il doit aussi faire sous le rapport de leur qualité, de leur utilité et des avantages que leur emploi doit procurer, eu égard à la localité ou à l'industrie. Les semis ou plantations sont les moyens;

la vente est le résultat. On conçoit alors combien il importe de préparer des produits qui puissent présenter ce résultat de la manière la plus avantageuse; ce qui me conduit à donner ici, sur chacune des essences dont j'ai parlé, des observations relatives à leurs quantités et à leur emploi.

Qualités des bois.

Aune.

L'Aune croît rapidement; il atteint la hauteur de 15 à 20 mètres. Son bois est rouge intérieurement et tendre; néanmoins il sert à beaucoup d'usages. On emploie le corps de l'arbre à la charpente, à faire des sabots très-légers. Plongé continuellement dans l'eau, il se conserve très-longtemps; aussi sert-il avantageusement pour faire des pilotis, des corps de pompes et des conduits d'eau, lorsque ces conduits doivent être placés dans des lieux constamment humides. Les perches d'Aunes et les souches sont employées par les tourneurs pour fabriquer des chaises, des échelles légères, des pipes, etc. Comme bois de chauffage, il est utile aux boulangers, chaufourniers ou plâtriers, donnant beaucoup de flamme. L'émondage, renouvelé tous les quatre ou cinq ans, produit une grande quantité de fagots. L'écorce d'Aune, réduite en poudre, sert à la teinture, et, combinée avec un acide ferrugineux, produit ce qu'on appelle le noir de chapeliers; réduite ainsi en poudre, elle se vend communément 20 centimes le kilogramme.

L'Aune est précieux pour entourer les prairies situées sur le bord des rivières, et dont le fond est naturellement humide. Dans cette situation, ses racines nombreuses, entrelacées, retiennent les berges et les préservent des débordements. Ces haies peuvent être coupées tous les sept ans; les souches repoussent un grand nombre de rejetons.

Bouleau.

Cet arbre atteint la hauteur de 12 à 15 mètres, et prend une circonférence de 1 mètre et demi; son bois est blanc, d'un gris fin et serré.

Il se polit bien, aussi est-il employé par les menuisiers et ébénistes pour en faire des meubles communs, ou recevoir le placage. Les tourneurs l'emploient aussi, ainsi que les charrons, pour la confection des brancards de voiture, des jougs, etc. Mais le plus grand usage auquel il serve est la fabrication de sabots légers, solides et reconnus très-chauds.

La seconde écorce ou liber sert à faire des petites boîtes devenues fort en usage comme tabatières. Il est à regretter qu'en France on n'emploie pas son écorce pour le tannage des cuirs, comme cela a lieu en Russie. Le cuir dit de Russie, dont la supériorité est incontestable, doit sa solidité, son imperméabilité et sa couleur rouge au tan de Bouleau. Ce n'est point, réduite en poudre, que les Russes emploient l'écorce de Bouleau, mais bien transformée en liquide. A cet effet, on remplit des fosses de l'écorce que l'on y foule; elles sont ensuite recouvertes de gazon ou de terre, et, lorsque la décomposition a eu lieu, on recueille, par un conduit placé au fond de la fosse, un liquide épais et glutineux, dont sont imprégnées ensuite les peaux destinées à former ce cuir particulier.

On doit espérer que, lorsque des taillis de Bouleaux seront assez considérables pour fournir des quantités d'écorces, la France ne sera plus tributaire de la Russie pour une fabrication dont elle aura tous les éléments; c'est d'autant plus à désirer que le tan de Chêne diminue sensiblement.

Comme bois de chauffage, il a l'avantage de brûler rapidement, en donnant beaucoup de flamme ; ce qui le rend utile pour les fours et pour les chaudières.

La culture de cet arbre doit être recommandée à tous ceux qui s'occupent de forêts, car il brave les froids et les chaleurs; il n'a pas besoin d'abri, et son feuillage étant très-léger, le peu d'ombre qu'il donne ne nuit point aux autres; enfin il réussit partout et améliore les mauvais sols, en donnant promptement des produits avantageux.

Charme.

Dans les forêts, le Charme est d'un médiocre intérêt, car il croît lentement, et n'atteint pas ordinairement la hauteur de plus de 10 à 12 mètres, hauteur qui, dans les bons sols et lorsqu'il est isolé, dépasse quelquefois 20 mètres. Son bois est blanc, très-dur, d'un grain serré et pesant. Il sert pour le charronnage, pour les fuseaux de rouets dans les usines, leviers et objets qui doivent éprouver une forte résistance. On ne doit l'employer que très-sec.

Comme bois de chauffage, il ne laisse rien à désirer ; son charbon est excellent pour tous les usages auxquels est destiné ce combustible.

Châtaignier.

Par sa hauteur, ses qualités et ses fruits, le Châtaignier est un des arbres les plus précieux de nos forêts. On ne saurait trop le multiplier, surtout dans les pays vignobles.

Son bois est rougeâtre, très-dur, et vient en seconde ligne après le Chêne. Il est employé avec avantage pour la charpente des édifices, étant plusieurs siècles sans s'altérer. On en fait des échalas pour les Vignes, des pieux, des palissades et des treillages qui durent plus que ceux d'aucune autre essence, même de celle du Chêne. On en fabrique des futailles et des cercles préférables pour les caves humides.

Le Châtaignier a peu de valeur comme bois de chauffage, ne donnant ni flamme ni grande chaleur. Dans le centre de la France et dans le midi, le fruit du Châtaignier est un très-bon produit qui sert à la nourriture des habitants et à l'engraissement des animaux domestiques. La récolte s'en fait en automne. Les Châtaignes qui doivent être consommées avant l'hiver sont mises en tas peu élevés, sur un grenier; les autres, en réserve pour le printemps, sont stratifiées dans du sable ou de la paille : moyen indispensable pour une longue conservation.

Chêne.

Si cet arbre est lent dans sa croissance, il atteint, avec le temps, de très-belles dimensions, et aucun n'offre plus d'utilité. Il a été et il sera toujours le premier des bois sous le rapport de sa dureté, de sa résistance à l'air ou dans l'eau. Il est inutile d'énumérer ici tous les usages auxquels on emploie le Chêne. Depuis les constructions maritimes jusqu'à celles des plus minces bâtiments, il est indispensable. Aussi sa valeur est très-grande, et encore doit-elle s'augmenter par suite de l'emploi que l'on en fait, réduit en billes pour supporter les rails des voies de fer.

L'écorce du Chêne a une valeur sans rivale pour le tannage des cuirs, et qui, généralement, atteint le prix de 10 centimes le kilogramme, sèche et sans autre préparation. Aussi ne saurait-on trop propager ou régénérer les taillis de Chêne. Cette écorce contient un principe astringent très-prononcé, que l'on appelle tanin, qui, combiné avec la fibre animale, rend insoluble la gélatine qu'elle contient. Celle des jeunes arbres, lisse, sans rugosités et mince, est préférée.

On écorce les Chênes au mois de mai, lorsque la séve ascendante a atteint le sommet; ce qui est indiqué par l'épanouissement des boutons supérieurs. L'ouvrier coupe l'arbre, fend l'écorce avec son outil dans la longueur de l'arbre, et, avec un coin mince en bois dur, l'oblige à se séparer du tronc. Lorsqu'elle est sèche, il en forme des bottes de 1 mètre de hauteur et de 1 mètre 30 centimètres de circonférence. Cette botte se vend, en forêt, 1 fr. 10 c. ou 1 fr. 20 c. Le stère fournit, terme moyen, 5 bottes d'écorce, et l'hectare bien peuplé doit, à l'âge de 20 ans, fournir de 700 à 800 bottes. L'écorcement fait perdre sur un stère environ le huitième de son volume.

Comme bois de chauffage, les qualités du Chêne sont connues ; il fournit un excellent charbon.

Érables.

L'Érable champêtre s'élève à 5 ou 6 mètres; son bois est très-dur, serré, jaune et susceptible de prendre un beau poli. Il est employé par les ébénistes et les luthiers.

L'Érable plane s'élève beaucoup plus que le précédent; il atteint un développement considérable; son bois est moins dur, blanc moiré, et se polit parfaitement. Il est employé à un grand nombre d'usages, recherché par les facteurs d'instruments de musique, par les sculpteurs, les ébénistes, les tourneurs, et souvent par les charrons. Dans les pays où il est commun, on en fait des sabots qui sont préférés à ceux de tout autre bois pour leur solidité, leur durée et la facilité avec laquelle ils reçoivent la couleur noire.

L'Érable sycomore jouit des mêmes qualités et sert aux mêmes usages. Les uns et les autres produisent un bon chauffage et un charbon estimé.

Frêne.

Le Frêne est un des arbres qui atteignent le plus de hauteur, souvent 25 et même 30 mètres. Il est un des bois qui réunissent le plus d'élasticité à la dureté ; aussi est-il précieux pour le charronnage, se prêtant aux formes que l'on veut lui donner. Comme tous les bois durs, il croît lentement, mais il a beaucoup de valeur. On rencontre encore des Frênes dont la valeur excède 200 fr.

Les racines de Frêne, qui, chez les sujets de grande taille, présentent un développement massif très-étendu, servent aux ébénistes à fabriquer des meubles qui offrent des nuances vertes et jaunes d'un effet agréable. Les plateaux sciés dans ce massif, qui forme la base, se vendent fort cher. Le bois du tronc sert encore aux ouvrages de fente, tels que les lances, les manches de faux, les queues de billard, etc.

Ce bois brûle vert, et, dans tous les cas, fournit un bon chauffage.

Hêtre.

Grand arbre qui atteint les plus belles dimensions des végétaux ligneux, et qui s'associe avantageusement avec les essences pivotantes, ne cherchant lui-même sa nourriture que dans les couches supérieures. Son bois est d'une assez grande dureté, surtout à la base ; mais il n'est point élastique, et il éprouve beaucoup de retrait par la dessiccation. Néanmoins il sert à une infinité d'usages, tels que les constructions maritimes, les roues d'eau pour usines, le charronnage, la menuiserie, la fabrication des sabots, la boissellerie, les manches d'outils, les bancs de menuisiers et les étaux. Pour le foyer, il est le premier bois.

Son fruit, appelé faîne, étant exprimé, donne une huile recherchée pour la cuisine. Elle se conserve fort longtemps et se clarifie d'elle-même par le repos. On recueille la faîne en automne, lorsqu'elle commence à tomber. On en provoque ainsi la chute en frappant les branches avec des gaules, et on la reçoit sur des draps étendus autour du pied. Les tourteaux, de même que les graines, engraissent promptement les porcs et la volaille.

Saule.

Cet arbre croît avec beaucoup de rapidité, et il s'élève à 8 ou 10 mètres de hauteur. Il convient parfaitement pour former des taillis dans les endroits frais, car ses souches produisent des rejets qui, dès la première année, forment des gaules de 3 ou 4 mètres.

Son bois est très-blanc et mou, quoiqu'il soit serré. Il sert à la fabrication des sabots, et on en fait une charpente légère.

Employé comme bois de chauffage, il rend les mêmes services que les bois blancs.

Le Saule marceau, propre aux mêmes usages, a l'avantage de venir dans les terrains secs, et de se prêter à un commencement de boisement dans des lieux arides et sans fond.

Orme.

L'Orme est le meilleur des bois de charronnage et très-employé dans la confection des rouages de mécaniques.

Robinier ou *Acacia.*

Cet arbre, peu connu encore en France, est appelé à rendre les plus grands services. C'est un arbre de haute taille ; il peut acquérir une hauteur de 25 mètres et une circonférence de 3 à 4 mètres. Quoique croissant vite, il atteint une dureté et une élasticité qui ne le cèdent en rien au Frêne, qu'il est destiné à remplacer dans les ouvrages de charronnage.

Le bois est jaune, avec des veines verdâtres; il est lourd, dur, serré, prenant bien le poli. C'est un des bois qui résistent le mieux à la pourriture; aussi l'emploie-t-on pour faire des pilotis, des pieux, des échalas, des tuteurs d'arbres. Cultivé en taillis, non-seulement les souches rejettent vigoureusement, mais il s'élève de ses racines traçantes une infinité de drageons qui, en peu de temps, fournissent une quantité de perches destinées à ces divers usages, notamment aux échalas qui sont très-recherchés des vignerons.

Le corps des Acacias élevés en futaie sert encore à la menuiserie, à l'ébénisterie et à former de fort beaux parquets.

Cet arbre se propage facilement par semis et par plantation. Il réussit en famille comme mélangé avec d'autres essences. On lui reproche d'être sujet à s'éclater par les vents; et ce reproche semble être mérité. Cet inconvénient confirme la qualité élastique de ses fibres qui, sans interruption de la cime à son pied, permettent à l'arbre, dont les branches bifurquées sont agitées en sens contraire, de s'ouvrir souvent du haut en bas. Mais cet inconvénient est facile à éviter. C'est à l'âge de 5 ou 6 ans que les Acacias tendent généralement à se bifurquer; il s'agit alors de retrancher celle des deux branches qui est le plus exposée au vent, et bientôt l'autre s'élancera, sans que la cause de l'inconvénient existe.

Tilleul.

Grand arbre qui n'atteint tout son développement qu'isolé. Il est ordinairement cultivé en taillis dans les forêts, et mélangé avec d'autres essences feuillues; l'espèce ainsi cultivée est communément le Tilleul de Hollande.

Son bois est blanc, léger, mou. On l'emploie pour la sculpture, la gravure sur bois, les modèles pour métaux fondus. Les sabotiers, les boisseliers et les menuisiers en usent aussi.

Il fournit un médiocre chauffage.

Ses fleurs et ses fruits sont employés en médecine. La seconde écorce ou liber, tiré des jeunes tiges ou des branches, sert à faire des cordes, des liens très-solides pour les gerbes, les tuteurs, et pour palisser les arbres fruitiers.

Résineux.

Épicéa.

L'Épicéa atteint la hauteur de 25 à 30 mètres. Son bois est blanc, léger, solide et élastique; il sert à la charpente et à la menuiserie.

On en retire, par incision, de la résine appelée poix blanche. On doit observer de ne faire cette opération que pendant l'année qui précède sa coupe; car ces saignées, souvent répétées, sont très-nuisibles à sa croissance et à la qualité de son bois.

Cet arbre, venant très-bien de semis et de plantation, doit être multiplié; il croît plus vite que le Sapin, surtout dans sa jeunesse. Lorsqu'il a atteint la taille d'un mètre, il pousse souvent, dans une seule année, une flèche de 80 centimètres à 1 mètre.

Mélèze.

Cet arbre magnifique n'a jusqu'ici été rencontré dans tout son développement que dans les Alpes. Ce n'est que depuis environ trenteneuf ans qu'on le multiplie dans les forêts du centre. Dans les Alpes, il atteint une hauteur de 40 à 50 mètres.

Le bois du Mélèze semble posséder des qualités qui le rendront fort utile. De nombreuses expériences prouvent qu'il est, pour ainsi dire, incorruptible. Outre la résine, toujours liquide, qu'on extrait en faisant des incisions au pied de l'arbre, on recueille sur ses branches une manne blanche qui suinte pendant la nuit, et se concrète en poudre blanche par l'effet du soleil. Cette manne est connue sous le nom de poudre de Briançon.

Les branches du Mélèze donnent dans le foyer une flamme éclatante et ardente. Le corps du bois fournit un chauffage préférable à celui de toute autre essence résineuse.

La promptitude avec laquelle il s'élève, la facilité de le propager par semis et par plantation doivent engager à le cultiver.

Pins.

Le Pin silvestre, élevé en massif, peut atteindre la hauteur de 35 mètres, car alors il file droit. Isolé ou mélangé avec d'autres essences, il s'étend plus en branches, et perd en hauteur.

Le bois est de longue durée, convient parfaitement à la charpente et à la menuiserie. Dans l'eau, il dure très-longtemps.

Le Pin silvestre, arbre très-rustique, a d'autres avantages qui rendent plus précieuse encore sa rusticité : il fournit un bon charbon dont le mètre cube pèse de 160 à 180 kilogrammes, tandis que le charbon de Chêne ou de Hêtre pèse seulement de 200 à 220 kilogrammes ; il tient, en outre, le second rang parmi nos arbres forestiers pour la puissance calorifique, et même, dans des expériences faites sur vingt-trois essences différentes, pour en reconnaître la combustibilité, tant à l'état naturel qu'à l'état de charbon, le plus grand degré de chaleur a été produit par les souches de Pin.

Toutes les espèces de Pins produisent de la résine et du goudron que l'on obtient par la combustion de morceaux minces dans des fosses fermées et au fond desquelles s'écoule le produit résineux que l'on reçoit au dehors par une rigole.

Il n'est pas jusqu'aux feuilles ou aiguilles qui ne donnent un produit qui, dans certaines contrées de l'Allemagne, est déjà en exploitation.

Ces produits sont : 1° une laine végétale employée avec grand avantage à remplacer le crin animal ou le crin végétal dans presque toutes leurs applications. La laine silvestre se fabrique par une méthode simple et économique que je vais décrire, l'ayant moi-même expérimentée : on dépouille les rameaux de Pin silvestre de ses aiguilles sèches, ou de ses aiguilles vertes que l'on fait sécher, puis on les place dans un cuvier et on les lessive à chaud, soit avec des cendres fortes et rendues caustiques par l'addition de soude, soit avec de la potasse ; on entretient le lessivage douze heures, puis on laisse dans le cuvier trois jours. On porte ensuite la matière sous la meule de l'huilier, ou on la fait passer entre des cylindres cannelés ; l'enveloppe se détache et les filaments restent ; des lavages successifs séparent ces deux matières ; la filasse ou laine silvestre est ensuite séchée. Les premières eaux de lavage forment un très-bon engrais.

Un autre produit s'extrait encore de la feuille verte des Pins ; c'est une huile essentielle, très-propre à dissoudre le caoutchouc et les résines. Cette huile s'obtient en pressurant les aiguilles sous la meule ; puis on étend d'eau la matière et on distille à la manière des parfumeurs ; la vapeur, en se condensant, entraîne l'huile essentielle qui surnage sur le liquide obtenu.

Le Pin silvestre offre encore de grands avantages comme essence de transition, c'est-à-dire comme essence propre à préparer un sol nu et sans humus à recevoir une essence plus précieuse et plus exigeante. Réussissant parfaitement de semis, on l'emploiera dans presque tous les cas de boisement comme abri. Cette essence, comme, en général, celles de presque tous les résineux, produit, par le détritus de ses feuilles, un humus ou terreau qui améliore le sol ; aussi, dans le cas de repos d'un sol livré sans interruption à la culture, aura-t-on avantage à le semer en Pins plutôt que de l'abandonner aux Genêts, comme cela a lieu en général. Si le semis a été épais et égal, huit à dix ans après on obtiendra un fagotage considérable, et le sol, entièrement abandonné des herbes parasites, possédera une couche d'humus qui lui aura rendu toute la fertilité que de successives cultures avaient enlevée.

Cet assolement peut avoir des avantages considérables. Sans enlever à l'agriculture des terrains qu'elle doit conserver pour les besoins de la localité, il rétablit la fertilité épuisée en donnant un produit d'un autre genre et non moins utile. Dans certains pays, où le mode triennal avec jachère est très-heureusement abandonné, les terres les plus éloignées ou élevées, et par conséquent plus négligées sous le rapport de la fumure, sont considérées comme ayant besoin d'un repos, pour me servir de l'expression des cultivateurs, qui attribuent à l'inaction de culture la fertilité qu'ils retrouvent quelques années après. Mais l'effet n'a point la cause qui lui est généralement attribuée; ce n'est point de repos qu'a besoin le sol, mais d'une formation nouvelle d'humus, principe indispensable non-seulement à la fertilité, mais à la végétation. Or, en abandonnant ces terres, elles se couvrent naturellement de Bruyères et plus souvent de Genêts; mais ces plantes, par leur détritus et par l'obstacle qu'elles mettent à l'évaporation, rendent plus qu'elles n'enlèvent au sol; de là augmentation de fertilité. Les Pins devant produire les mêmes effets, et à un plus haut degré, auront donc un double avantage, puisqu'ils donneront, dans l'intervalle, un produit bien supérieur et considérable. L'hectare abandonné à la nature donnera, après sept ans, environ 1,500 fagots de Genêts qui, sur place, auront une valeur de 110 fr. Le même hectare, en dix ans, produira 3,500 fagots qui auront une valeur de 350 fr., de laquelle il faudra déduire les frais de semences et de semis faits à la charrue, et que l'on doit évaluer, en moyenne, à 50 fr. par hectare. Dans le second cas, le sol sera bien plus amélioré et exempt de toutes plantes adventices. Les avantages de cet assolement reposent sur ces principes : les arbres croissent avec force dans un sol cultivé, et plus rapidement que dans un massif de forêt. Lorsqu'une terre a été plantée en bois, surtout d'essence résineuse et défrichée, les céréales y croissent avec plus de force et sans engrais pendant les premières années. En résumé, on obtient la plus grande quantité possible de produits agricoles et de bois dans un temps donné.

Ce mode d'assolement a déjà produit, en Champagne, des résultats avantageux. Dans certaines contrées de cette province, des semis ont été défrichés et ont amélioré sensiblement le sol léger et crayeux. Aussi les plantations de Pins se sont-elles multipliées; néanmoins un vice radical a beaucoup retardé les avantages que l'on se proposait en créant ces plantations dans ce pays déboisé; les Pins ont été repiqués à une trop grande distance. La difficulté de se procurer du plant, qui était en partie fourni par les Vosges, et le prix élevé de ce plant, ont conseillé une économie funeste à cette essence qui, plus qu'aucun autre résineux, veut vivre en massifs serrés. Les semis, faits avec soin, seraient bien préférables pour répondre à cette exigence, et donneraient d'ailleurs des plants à bas prix et d'une reprise plus assurée.

La méthode que j'ai conseillée pour les semis à la charrue, et le mode d'ensemencement d'essences mélangées, conviennent parfaitement à ce pays, où s'opèrent des boisements nouveaux, que le Pin ne devrait que faciliter, loin de les composer uniquement.

Pin-laricio.

Ce Pin surpasse en grosseur et en élévation le Pin silvestre. Son bois, peu nerveux, le rend précieux pour la mâture. Il est moins rustique et plus rare encore, excepté dans la Corse, d'où il est originaire.

Pin du lord Weymouth.

Ce très-bel arbre appartient aux régions tempérées. Dans une situation qui lui convient, il atteint les dimensions de 50 mètres de hauteur et de 3 de circonférence. Son bois, aussi nerveux que celui du Laricio, sert aussi à la mâture, à la charpente, à la menuiserie, etc.

Sapin.

Arbre de première grandeur et aussi de première utilité. Sa solidité, jointe à sa légèreté, lui vaut la préférence sur tout autre bois pour la charpente, la marine, la menuiserie, etc. Sa qualité vibrante le rend indispensable aux luthiers. Enfin, débité en planches, il est transporté quelquefois à plus de 50 myriamètres pour servir à une foule d'usages. Les débris de toute la partie de l'arbre qui ne peut être conservée en bois de service forment un chauffage estimé. Il fournit la poix noire et la térébenthine, dont l'usage est considérable dans les arts. Ses semences exprimées fournissent une huile à brûler assez bonne, mais qui rend une odeur désagréable.

On ne saurait trop encourager la culture de cet arbre, long, il est vrai, dans sa croissance, mais rustique, et végétant jusque dans les interstices des rochers.

A l'âge de vingt ans, un semis fournit, par des éclaircies successives, des perches dont l'emploi est considérable; à quarante ans, il donne de la charpente; à soixante, il s'exploite pour être débité en planches, qu'il doit fournir, à cet âge, au nombre de 60 à 80; et il n'est pas rare, dans un âge plus avancé, d'en rencontrer qui rendent 250 planches et au delà.

Des semis et plantations d'essences mélangées.

Il existe très-peu de forêts naturelles d'une seule essence; cette indication de la nature doit d'autant plus faire apprécier le mélange des essences dans la création des forêts, que la théorie est parfaitement d'accord avec la pratique. En effet, les différentes essences puisent leur nourriture à des profondeurs différentes; le voisinage des espèces diverses doit donc faire obtenir du sol le plus de produit possible, but de toute opération silvicole. On concevra dès lors combien doit être judicieux ce mélange; et, pour mettre le planteur à même de le composer avec entendement, je vais indiquer les mélanges d'essences que la nature de leurs racines, l'égalité de leur croissance, et enfin l'expérience, indiquent comme les plus convenables.

J'ai dit que, dans les diverses essences, les unes sont à racines pivotantes, les autres à racines traçantes. Celles dont les racines sont éminemment pivotantes sont dans l'ordre décroissant : le Chêne, le Charme, le Hêtre, les Érables, le Sapin et l'Épicéa. Celles à racines traçantes sont le Bouleau, l'Acacia, le Châtaignier, le Saule marceau. Les autres essences participent des deux natures.

Un mélange rationnel, sous les différents rapports sous lesquels nous avons examiné les diverses essences, sera donc :

Celui du Chêne, du Hêtre, du Châtaignier;
— du Charme, du Bouleau, du Saule marceau ;
— des Érables et de l'Acacia ;
— de l'Aune, du Frêne, du Saule marceau ;
— du Sapin et de l'Épicéa avec Bouleau dans la jeunesse des résineux ;
— du Pin et du Bouleau ;

Enfin, du Mélèze avec l'une ou l'autre essence de bois feuillu blanc, qui disparaîtra lorsque le Mélèze aura pris son développement.

DEUXIÈME PARTIE.

J'ai indiqué précédemment les méthodes de repeuplement les plus faciles et l'application qui peut être faite. Je crois cependant utile, pour compléter ces conseils, de comprendre, dans ce petit traité, quelques données : 1° sur quelques autres moyens de repeuplement moins ordinaires ; 2° sur la plantation pour bordures et clôtures ; 3° sur la transplantation pour massifs d'agrément ; 4° enfin sur quelques autres connaissances utiles à ceux qui s'occupent de repeuplement. Cette deuxième partie comprend les chapitres suivants :

Des boutures ;

Des marcottes ;

Des greffes herbacées ;

Utilité des haies, — arbres et arbustes qui

les composent, — plantation des haies, — entretien.

Plantation des massifs d'agrément, — plantation en mottes, — soins.

Sécherie de graines forestières.

Des boutures et des marcottes.

La bouture est une partie de végétal qui, séparée de l'individu auquel elle appartient, manque d'un des organes essentiels au maintien de la vie, de racines ou de bourgeons. La culture peut lui faire produire les uns et les autres.

La bouture ne convient point à tous les végétaux ligneux, mais elle a l'avantage précieux d'offrir, pour certains d'entre eux, un moyen de multiplication aussi prompt et facile qu'assuré.

Les arbres qui réussissent le mieux par ce moyen sont ceux dont le bois est tendre, et qui préfèrent les lieux frais, tels que les Saules, Aunes, Platanes, Peupliers et Sureaux; essences dont il sera question à l'article des haies et lisières. Quant aux arbres résineux, l'emploi de la bouture ne peut leur convenir.

Pour multiplier ces essences par boutures, on forme, avec des tiges, des baguettes de la longueur d'un mètre environ, dont on taille obliquement le bout inférieur près d'un bouton à feuille; puis on les enfonce en place, en sorte que la moitié soit en terre. Si le sol était pierreux et dur, il serait nécessaire de préparer le trou au moyen d'un plantoir en fer, ou en creusant des tranchées parallèles dans lesquelles on les dépose, puis on les remplit et on foule légèrement la terre.

Au moyen de boutures, on peut regarnir les lisières des forêts et les clairières dans les lieux bas et humides. Les boutures de Saules marceaux et d'Aunes conviennent parfaitement pour atteindre ce but. Avec le Sureau, mis en bouture sur l'ados des fossés, on forme une haie qui garantit les semis ou plantations; fournit un bois de peu de valeur, il est vrai, mais qui rejette bien de souche, et a le précieux avantage de n'être point attaqué par les bestiaux, qui ont de la répugnance pour l'odeur de la feuille et de la fleur.

L'éducation du peuplier par boutures ne peut convenir que dans les pépinières, et elle ne peut se faire par plançons ou grandes boutures de 2 à 4 mètres que dans les haies ou bordures de prairie, cet arbre ne se plaisant ni dans les massifs ni en contact avec d'autres essences qui le dominent.

Marcottes.

Le marcottage consiste à ployer des rejets plus ou moins gros, à les coucher dans des fosses ouvertes autour de la souche et à les recouvrir de terre; l'extrémité de cette branche, qu'on laisse sortir de la fosse, continuera à végéter; bientôt des bourgeons, sortis de la partie enterrée, formeront des racines et viendront suffire à la nourriture de cette nouvelle tige qui, après quelques années, pourra être séparée de la souche mère.

C'est au printemps que se fait avec le plus de succès cette opération, qui a toute analogie avec celle bien connue du provignement.

Ce procédé paraît convenir à presque toutes

les essences, même résineuses; mais c'est surtout dans les taillis de Chênes, Hêtres et Bouleaux qu'il peut rendre de vrais services en substituant à des souches épuisées des pieds nouveaux.

Dans les jeunes taillis de trois à six ans, les tiges étant flexibles, on peut les coucher sans difficulté dans de petites fosses ouvertes au nombre de quatre ou cinq autour de la souche. Dans des taillis d'un âge plus avancé, il sera nécessaire de retenir au fond de la fosse des gaules d'une flexion plus difficile au moyen d'un crochet, et souvent même de faire une grande entaille dans la courbure convexe pour rompre l'élasticité de la branche; dans l'un et dans l'autre cas, il sera nécessaire de fouler fortement la terre et les gazons.

Quelque simple et utile que paraisse ce procédé, il est néanmoins à observer qu'il est dispendieux et souvent difficile dans l'exécution. En effet, les jeunes taillis sont ordinairement couverts de Bruyères, Genêts ou arbrisseaux qui, joints aux nombreuses racines traçantes d'un taillis, contrarient l'ouverture de fosses qui, suivant l'âge des rejets, doivent avoir de 30 centimètres à 1 mètre de longueur, et de 15 à 30 centimètres de profondeur sur la largeur du fer et de l'outil.

Aussi je ne conseillerai jamais cette méthode pour la multiplication des résineux dont les branches latérales n'offrent jamais de belles flèches, et dont le pied conserve toujours l'inflexion de la branche. On peut néanmoins, par ce moyen, multiplier assez facilement le Mélèze dans les lieux où il est encore rare.

Un procédé analogue permet de se procurer, sur place, du plant qui tient des deux moyens dont je viens de parler. Il consiste à recouvrir de terre les souches, soit avant la pousse des rejets, soit lorsque ces derniers ont une ou deux années; des racines se formeront à la base de rejets et, quelques années après, on obtiendra, en les éclatant, de nombreux plants.

Cette méthode convient parfaitement aux Érables, Frênes, Bouleaux, Charmes et Châtaigniers.

Greffes herbacées.

Je ne dois m'occuper ici que de la greffe qui puisse aider à la propagation d'essences forestières. Je ne m'occuperai donc point de la greffe des arbres feuillus qui peuvent se propager par semis, plantation et bouture; mais de celle d'essences résineuses qui, étant rares ou délicates à obtenir de semis, peuvent être avantageusement propagées par ce moyen.

Tous les résineux congénères supportent, en général, la greffe herbacée, ainsi nommée parce qu'elle se pratique sur des tiges encore tendres, et qui n'ont pas encore atteint l'état ligneux. Ainsi l'Épicéa se greffe sur le Sapin, le Cèdre sur le Mélèze, et *vice versâ ;* enfin les diverses espèces de Pins, sur le Pin silvestre. C'est de cette dernière circonstance que je m'occuperai, puisque c'est la seule qui donne une utilité réelle pour le repeuplement de certains Pins, tels que le Laricio, le lord Weymouth et le Pin d'Autriche, dont le semis est chanceux et coûteux, et qui, d'ailleurs, exigent une qualité de sol supérieure à celle dont la rusticité du Pin silvestre s'accommode. C'est ainsi qu'une partie de la forêt de Fontainebleau, primitivement peuplée en Pins silvestres, a été transformée en forêt de Laricio, dont la beauté et la valeur ont avantageusement remplacé l'essence rustique qui a permis de l'introduire dans ce sol ingrat.

Cette greffe a été trouvée et pratiquée, pour la première fois, par M. le baron Tschudy. Elle se fait en fente sur des sujets de quatre à huit ans, du 10 au 30 mai, c'est-à-dire lorsque la jeune pousse du Pin a atteint la hauteur de 1 à 2 décimètres. Voici comment elle se pratique : on coupe, par le milieu, cette pousse; on retranche les feuilles inférieures, à l'exception de deux ou trois, qu'on laisse dans la partie supérieure près de la section, et qui servent à attirer la séve jusqu'à cette partie tronquée; on fend la tige sur une longueur de 5 centimètres, en prenant la précaution de ne point faire la fente au milieu, c'est-à-dire de ne point attaquer la moelle de la tige, puis on introduit la greffe préalablement taillée en coin, en la faisant descendre jusqu'à ce que l'extrémité du coin porte au fond de la fente. Cette greffe est enlevée d'une extrémité de branche latérale de l'arbre que l'on veut reproduire; ainsi toutes les pousses de flèches ou de branches conviennent indistinctement, pourvu qu'elles soient d'un diamètre en rapport à celui de la tige à greffer. On enlève les feuilles de la base de la greffe; on la taille en coin, comme il a été dit, avec un instrument bien tranchant, et l'on observe de ne point toucher les tranches de l'entaille avec le doigt, car la pression, en étendant la résine qui s'échappe en gouttelettes, fermerait les canaux séveux. La greffe, ainsi placée, est assujettie au moyen de laine qui entoure la tige sur toute l'étendue de la fente, pour assurer la cohésion et empêcher le passage de l'air, qui dessécherait une végétation aussi tendre.

Je conseillerai néanmoins, au lieu de laine, dont l'emploi est plus dispendieux, plus difficile et, lors du déliage, plus long et minutieux, l'emploi de rubans de papier commun, qui assujettit parfaitement la greffe, la préserve de l'air, et se fixe, après plusieurs tours, au moyen d'une goutte de cette résine qui s'échappe des tiges coupées. Ce papier, facile à poser promptement, dure assez longtemps pour assurer une cohésion parfaite des greffes, et tombe de lui-même par l'effet du détrempement causé par la pluie, combiné avec la force d'expansion de la tige en végétation; tandis qu'il est nécessaire d'enlever la laine de toutes les greffes six ou huit semaines après le greffage, opération longue et délicate. Le moyen que je viens de proposer m'a parfaitement réussi , et a l'avantage d'être prompt et économique, qualités essentielles dans toutes les opérations dont il s'agit.

Il est important de raccourcir toutes les branches latérales de la couronne inférieure du sujet greffé, pour refouler la séve vers la partie essentielle.

Plusieurs auteurs ont conseillé de couvrir d'un cornet de papier les greffes. Cette précaution ne me semble devoir être prise que pour quelques essences très-délicates. Dans une pratique étendue, cette opération est inutile. D'ailleurs, ce cornet est exposé à être enlevé par les vents; puis j'ai remarqué qu'il servait de refuge à une espèce d'araignée qui vient y filer sa toile, assez épaisse pour intercepter l'air nécessaire à la vie de la tige.

Par le procédé que j'ai indiqué, un ouvrier

peut faire de 150 à 180 greffes par jour, ce qui, pour le Laricio et le lord Weymouth, produit une économie considérable sur le prix du plant.

Utilité des haies et des bordures.

Dans une grande partie de la France, la terre, dépouillée des forêts qui la couvraient autrefois, ne présente plus qu'une surface nue que les nuages parcourent sans trouver d'obstacles qui les arrêtent et les résolvent en pluie. Le sol, exposé aux rayons d'un soleil brûlant, en est pénétré à une grande profondeur. Les vents n'ont plus à parcourir ces vastes forêts, sous l'ombrage desquelles ils étaient rafraîchis, et où ils s'imprégnaient, pendant l'été, d'une humidité chaude qu'ils répandaient sur les campagnes, leur portant ainsi la vie et la fraîcheur ; forcés, au contraire, de parcourir de grandes étendues de terrains brûlés par le soleil, ils s'échauffent et ils n'apportent plus que sécheresse et stérilité. Ce mal n'est point sans remède; de ce remède, le gouvernement s'occupe en encourageant le reboisement; mais un effet plus prochain, et d'une cause moins vaste, peut être produit, pour l'agriculture, par les haies et les arbres de bordure; c'est sous ce rapport, qui concourt au but de ce petit ouvrage, que je m'en occuperai.

C'est surtout dans les régions froides que l'effet des abris artificiels est le plus efficace. La théorie comme la pratique a fait sentir les avantages de garantir les terres des vents du nord et de l'est par la plantation de haies. En effet, d'une part, le froid ralentit la végétation et nuit à la fertilité; d'autre part, les vents desséchants du midi enlèvent promptement aux terres légères, poreuses et sablonneuses l'humidité, dispersent la couche supérieure du sol mêlé d'humus, qui est encore plus légère que le sable, dégarnissent ainsi les racines des plantes; l'ombrage, d'ailleurs, à cette exposition et dans des terres de cette composition, est toujours utile aux plantes.

Les vents arrivant au sol sous un angle aigu, on peut admettre qu'une haie garantit les terres adjacentes à une distance décuple de sa hauteur. Enfin ces haies vives non-seulement augmentent la température, mais elles empêchent l'évaporation du sol et des gaz fécondants.

Composition des haies.

Les bois les plus propices pour former de bonnes haies, sous le rapport du produit, sont : le Chêne, le Charme, l'Orme, le Coudrier ; dans les prairies et dans les sols humides, les Saules de diverses espèces ; sous le rapport de la défense, l'Aubépine, les Pommiers, Poiriers et Pruniers sauvages, le Houx, l'Épicéa ; enfin l'Acacia, qui tient des deux qualités.

Les arbres de bordures les plus avantageusement élevés sont : le Chêne, le Frêne, le Plane, l'Aune, les Peupliers et les Saules en têtards.

Dans le chapitre suivant, je reviendrai sur chacune de ces espèces de bois.

Plantation des haies.

Les enclos des terrains en culture se forment par la plantation en ligne et à la distance légale du terrain d'autrui ; la méthode la plus avantageuse est d'ouvrir un fossé d'une largeur et d'une profondeur proportionnées au plant. On donne ordinairement à ces deux dimensions 50 centimètres. On garnit le fond du fossé de la bonne terre que l'on a eu soin de séparer, et sur ce fond meuble on place, à égale distance, de 40 à 60 centimètres, le plant que l'on couche alternativement sur chaque bord, ce qui, produisant deux rangées, donne à la haie une largeur de 50 centimètres ; les plants ainsi rangés, l'ouvrier, au moyen de la pelle, rejette la terre à l'intérieur pour couvrir les racines ; puis, prenant chaque plant opposé de l'une et de l'autre main, il leur fait reprendre une position plus verticale, tout en serrant du pied la terre du milieu. Enfin une légère culture donnée à l'extérieur de chaque rangée et destinée à détruire les herbes permettra de renouveler, l'année suivante, ce sarclage bienfaisant.

Se plantent de la sorte les haies :

— *de Charme*. Ce bois, comme on sait, souffre parfaitement la taille et le recepage ; on peut donc en former des haies qui, par la tonte, s'entretiennent des siècles, de la forme et à la hauteur que le ciseau les a tracées. Abandonnées à leur végétation naturelle, ces haies produisent, par le recepage, tous les six ou huit ans, d'excellents fagots.

— *d'Orme*. Ce bois a les avantages, mais moins de durée que le premier.

— *de Coudrier*. Cet arbrisseau produit, par le recepage, une grande quantité de fagots, et à des intervalles rapprochés. Les gaules les plus fortes servent à un grand nombre d'usages, notamment à faire des cercles. Son fruit a bien quelque valeur, mais rarement le propriétaire en profite.

— *d'Aune*. Ce bois, précieux pour enclore les prairies et les terres humides, est d'une grande ressource pour le chauffage ; les haies croissent promptement et très-serrées ; elles supportent un recepage fréquent. La feuille n'est nuisible ni aux terres ni aux prés.

— *d'Aubépine.* Qui ne connaît les belles et bonnes haies défensives que produit l'Aubépine dont la tonte est bien conduite? Le mode qui paraît le mieux lui convenir est la tonte des deux côtés, que l'on pratique aux mois de mai et d'août, et le couchage du sommet des tiges, lorsqu'elle a atteint la hauteur que l'on veut lui donner.

— *d'Épicéa.* Cette seule essence résineuse qui convienne aux clôtures, et qui supporte la tonte même de la cime, forme des haies aussi défensives que belles d'aspect. L'Épicéa se plante en rigole, lorsqu'il a la taille de 2 ou 3 décimètres. Dès la troisième année, on commence la tonte latérale, et, lorsqu'il a atteint la taille de 1 mètre, on tond annuellement la partie supérieure. Cette espèce de haie a le double avantage d'être toujours verte et de n'être attaquée ni par le bétail ni par les insectes.

— *d'Acacia.* Les haies formées de cette essence, encore peu répandue, ne sont réellement défensives que lorsqu'elles sont jeunes ou entretenues par la tonte. Ce dernier genre lui convient peu; c'est, cultivée en taillis, que la haie d'Acacia offre de précieux avantages; les trois premières années, elle est inabordable. Lorsque sa tige s'élève, elle se dégarnit de branches; elle est aussi dépourvue d'épines dans sa partie inférieure; mais le rapprochement de ses tiges offre déjà une clôture suffisante. A six ans, elle est bonne à couper. Son produit sert à faire des échalas, des tuteurs, des cercles. Ses rameaux sont, il est vrai, difficiles à mettre en fagots et à employer pour le chauffage, mais ils sont précieux pour former des haies sèches.

D'autres essences, servant à la formation des haies, sont plus avantageusement propagées par semis. Ce semis se fait dans une bande qui forme l'enceinte du clos. Cette bande est convenablement défoncée à l'avance, et le semis, pour plus d'assurance de succès, est recouvert de long fumier, puis de branches épineuses.

Se cultivent de la sorte les haies :

— *de Chêne*. Les glands sont déposés sur deux ou plusieurs lignes, à une profondeur de 4 ou 5 centimètres, soit à la pioche, au plantoir, ou dans une terre bien meuble, avec deux doigts : l'index et le pouce. Tout ce qui a été dit relativement au semis du gland trouve nécessairement son application dans ce chapitre.

Les haies de glands sont productives. Elles ne se tondent point et elles fournissent, tous les huit ou dix ans, une grande quantité de bois.

— *de Pommiers, Poiriers et Pruniers sauvages.* Ces trois espèces s'emploient aussi pour former de bonnes haies ordinairement livrées à la tonte. Le semis des deux premières se fait au moyen des marcs que l'on obtient par la fabrication des verjus, cidres et poirés, en ayant la précaution de ne point laisser les marcs s'échauffer par leur amoncellement dans les pressoirs. Le semis de la troisième espèce s'obtient par le moyen des noyaux des différentes prunes, notamment des mirabelles et des prunelles.

— *de Houx.* Quand on veut former des haies de Houx, il est préférable de les semer, le jeune plant ayant beaucoup de peine à reprendre. On emploie de la semence qui a deux ans; on laisse le noyau se dessécher dans sa pulpe. Ces haies sont tout à la fois les plus infranchissables et les plus durables.

On en cite qui ont plus de deux siècles. Elles supportent parfaitement la tonte, par laquelle on leur donne ordinairement une forme arrondie, assez large à la base.

Enfin d'autres espèces de bois forment, par leur bouture, de bonnes haies dans les lieux frais ou humides. Ces boutures se déposent soit dans une rigole défoncée, soit sur le revers et l'ados d'un fossé. On emploie des tiges de 40 à 80 centimètres de longueur.

On crée aussi des haies :

— *de Sureau*. Cet arbrisseau a de réels avantages pour la formation d'une haie. Il pousse promptement et vigoureusement de bouture et craint peu la dent des bestiaux, ses feuilles n'étant guère de leur goût.

On forme ainsi, sans frais et avec beaucoup de célérité, dans tous les terrains qui ne sont ni trop secs ni marécageux, des haies sous la protection desquelles on peut élever plus tard, par semis ou plantation, des espèces plus productives. Il est nécessaire de préparer à la bouture du Sureau un trou au moyen d'une tige en fer ou d'un pieu.

La bouture se prend sur le jeune bois de l'année; elle se taille en biseau, à sa base, près d'un œil; deux œils, au moins, doivent être en terre, et autant hors du sol. Il est néanmoins préférable d'éclater la bouture au lieu de la couper, comme il vient d'être dit; car une partie du corps du bois s'éclate aussi, et autour de ce bourrelet se forment promptement des racines; dans ce cas, la préparation du trou est indispensable.

— *de Saule.* Suivant la composition du sol, on peut former d'excellentes haies avec les diverses espèces de Saules.

Le Saule marceau s'accommode des revers de fossés, même dans des parties élevées. Les autres espèces, telles que les Saules blancs, les Saules fragiles et les Saules osiers, ont besoin du voisinage des eaux, et ne conviennent qu'au bord des prairies. Tous reprennent facilement de boutures et donnent, suivant leur espèce, ou du bois de chauffage, ou des rejets annuels nécessaires à une foule d'usages, surtout pour la vannerie.

Arbres de bordures.

Ce n'est pas seulement dans les forêts ou

dans les massifs que l'on obtient des produits en bois. Les lisières de prés ou de champs, les rives des rivières et ruisseaux, et enfin les bords des routes et des chemins, sont très-favorables à l'éducation des grands arbres. Dans plusieurs circonstances, ces arbres forment un abri précieux par le rideau des pieds rapprochés. Dans les plaines exposées à certains vents desséchants en été, ou glacials en hiver, ces abris sont précieux ; ils brisent la violence du vent auquel ils sont opposés, et, en d'autres circonstances, ils donnent un ombrage utile à certaines récoltes et aux prés.

Sur la rive des rivières ou ruisseaux, les racines forment une digue latérale qui s'oppose aux envahissements du cours d'eau et le maintient dans son lit.

Sur les routes et chemins, les avantages des plantations sont bien connus, aussi l'usage en est-il devenu général. Ces avantages, en effet, sont multiples; les arbres de bordure dessinent la voie pendant l'obscurité des nuits ou sur la couche des neiges; en été, ils donnent un ombrage apprécié; enfin leur corps, frappé d'air de tous côtés, promet un bois dur et sain.

Les arbres qui conviennent le mieux pour les plantations de routes sont : le Frêne, l'Orme, le Platane et le Peuplier; pour les plantations de chemins vicinaux, les mêmes essences, en y ajoutant certains arbres à fruits, tels que Noyers et Cerisiers.

Je vais indiquer ici quels sont les arbres les plus favorables à former des bordures dans la campagne ou sur les cours d'eau.

Le Chêne élevé dans les haies, ou à distance des haies, a le double avantage de fournir un bois très-dur et recherché pour certains ouvrages qui nécessitent une forte résistance. Entretenu en forts têtards, il produit, chaque six ou huit ans, une quantité de branches, et fournit, à son sommet, un vrai taillis.

Le Frêne et le Plane conviennent dans les ravins, dont ils retiennent les terres. Le premier atteint, ainsi exposé à l'influence de l'air sur toutes les faces, son maximum de qualité.

L'Aune, dans les sols humides, peut s'élever, du milieu même de la haie, à des distances rapprochées, un mètre, sans nuire sensiblement au taillis de la haie. La feuille n'est point nuisible aux prairies.

Le Peuplier, dont je n'ai point encore parlé, est un arbre uniquement de bordure. Il lui faut de l'espace et de l'air, et il ne prospère point dans les bois en contact avec d'autres arbres. On en connaît un grand nombre d'espèces. Les plus cultivés sont le Peuplier d'Italie, le Peuplier noir et le blanc de Hollande. Les deux premiers viennent bien de plançons ; le dernier se forme de très-jeunes boutures ou de drageons mis en pépinière jusqu'à ce qu'ils aient atteint la hauteur de 2 mètres.

Le plançon de Peuplier se forme d'une branche latérale à laquelle on laisse la hauteur de 2 à 3 mètres, et dont on retranche généralement toutes les branches; néanmoins je me suis toujours très-bien trouvé de laisser le sommet et les dernières branches latérales, mais écourtées; les bourgeons se développent alors, dès que la séve a atteint le sommet, et par suite les racines correspondantes se produisent.

Le Peuplier d'Italie aime les terrains qui avoisinent les eaux; dans cette position, il vient même dans la grève pure, et son bois y atteint une plus grande dureté. Néanmoins il convient encore dans les terrains secs, surtout sur l'ados d'un fossé.

La méthode la plus favorable pour le planter dans cette condition est de placer les plançons en ligne, au moyen du pieu, avant l'ouverture du fossé ; puis de rejeter la terre extraite, en sorte que le plançon sorte de l'ados de cette terre meuble qui entretiendra à son pied une fraîcheur utile, et permettra un prompt développement des racines.

Il est essentiel de ne point enlever les bourgeons qui paraissent dans les premiers mois de la plantation. Ce que j'ai dit précédemment fera comprendre que ce serait nuire aux racines et, par suite, à l'arbre. Cependant, dès le mois d'août, on retranche les bourgeons inférieurs jusqu'à la moitié de la hauteur; la seconde année, quelques autres supérieurs, jusqu'à ce que, la troisième ou la quatrième année, on ne laisse plus que la tige principale, qui bientôt se confondra, sans apparence extérieure, avec le plançon. Mais, arrivé à un certain âge, le Peuplier ne craint point l'émondage; néanmoins cet émondage, souvent répété, surtout lorsqu'il s'agit de grosses branches, nuit à la qualité du corps de l'arbre. Aussi, dans les contrées où on élève le Peuplier comme bois de service, notamment en Champagne, on évite de l'ébrancher.

Le Peuplier noir préfère les sols humides ; il vient également bien de bouture en plançons, et s'étend plus en branches que les autres.

Le blanc de Hollande a une grande tendance à drageonner, aussi doit-il être peu recherché pour les terres et pour les prés. Il convient mieux en avenue et sur les bords des chemins.

Des trois espèces, ce dernier est celui qui fournit le meilleur bois; il est blanc, léger, homogène, prend un beau poli. Les uns et les autres servent à la charpente, aux menuisiers et aux saboliers.

Les Saules cultivés en têtard sont utiles pour bordures de prairies, de fossés et de rives. Les espèces les plus employées à cet usage sont : le Saule blanc et le Saule fragile. On les multiplie au moyen de plançons que l'on fait avec des branches de quatre ou cinq ans, ayant de 10 à 20 centimètres de tour, que l'on enfonce au moyen du pieu. Il est utile de donner, les premières années, un tuteur à la bouture.

Aucun arbre ne souffre mieux l'émondage, qui se répète tous les trois ou quatre ans, et qui fournit une grande quantité de bois. Ces deux espèces, ainsi que le Saule osier, se cultivent aussi en haute tige. Leur bois, blanc, tendre et poreux, ne sert qu'à faire des voliges et des sabots.

Bordures en arbres à fruits.

Autrefois le sol de la France était couvert d'arbres fruitiers épars dans la campagne, arbres que les ordonnances de police protégeaient. Pendant la révolution de 1790, la presque totalité de ces arbres précieux disparut par faux calculs des habitants des campagnes, et c'est à peine si, aujourd'hui, on trouve encore épars quelques-uns de ces arbres. De rares vergers, des lisières de champs ou de vignes, et quelques chemins, donnent seuls asile aux grands arbres à fruits.

Aucun arbre n'exige plus de soin dans sa mise en place que l'arbre fruitier; il lui faut un large trou, bien défoncé, et une couche d'engrais entre deux terres. Ses racines ont besoin d'être taillées net, et ses branches raccourcies judicieusement; plus qu'à aucun autre arbre, il faut un tuteur solide, fixé en terre plus profondément que le trou, car la plupart des arbres fruitiers ont une disposition à dévier et à se contourner.

Plantation des massifs d'agrément.

J'ai cru devoir donner ici quelques conseils sur ce genre de plantation qui, bien que soumis à toutes les lois de la silviculture, sort souvent de leur application ordinaire.

Le but des plantations d'agrément n'est point le produit, ou tout au moins n'est-il que secondaire, mais bien de former des points de vue, et d'obtenir tout de suite cet effet par la mise en place d'arbres de taille.

Je ne m'occuperai point du premier objet, qui rentre dans l'art du dessinateur de jardins paysagers; le second consiste principalement dans la transplantation en mottes qui, pour la plupart des arbres, notamment pour les arbres verts, est indispensable pour assurer la reprise de sujets de la taille de 2 à 4 mètres auxquels on ne retranche point de branches, tandis que leurs racines sont fortement lésées.

Transplantation en mottes.

L'enlèvement des mottes est la première opération; il se fait au moyen d'une forte bêche munie d'un long manche en bois dur. Pour un arbre de 1 à 2 mètres, on forme, au moyen de cet instrument enfoncé rapidement et à l'aide du pied, une coupure circulaire de 40 centimètres de rayon. On repasse à plusieurs reprises, en enfonçant davantage le fer de la bêche, et en soulevant jusqu'à ce que l'on s'aperçoive que la motte est détachée; il suffit alors de l'enlever à deux, pour transporter en place au moyen de civière, brouette ou voiture.

Il est essentiel, pour la formation des massifs, de conserver les branches du bas, notamment dans les arbres verts. A cet effet, on les relève et on les maintient dans cette position pendant l'arrachage et le transport au moyen d'une corde ou d'un lien quelconque.

Le trou doit être disposé pour les recevoir. Le succès dépend beaucoup de cette préparation. Le défoncement ne doit pas être épargné.

Les trous doivent être d'une capacité plus grande que la motte, afin que cette dernière soit entourée d'une couche de terre meuble et perméable à la pluie et aux arrosements, dont il sera parlé plus tard. Les trous seront aussi creusés plus profondément, puis remplis de 30 à 40 centimètres de la meilleure terre extraite, ou de terre amenée pour cet effet.

On conçoit que, lorsqu'on crée des plantations d'agrément dont on veut jouir promptement, on ne doit pas épargner les soins. Aussi, lorsqu'il s'agira de massif, il sera préférable de défoncer entièrement la place qu'on lui destine. A cet effet, l'ouvrier ouvre un fossé sur l'un des côtés, rejette la terre au dehors, puis s'avance en ramenant dans ce fossé la terre qu'il défonce ainsi successivement. La terre extraite la première est ensuite conduite pour combler la lacune. Dans une terre ainsi remuée, les arbres prendront un développement rapide, et seront d'une réussite assurée, si les racines n'ont point été trop lésées par l'arrachage, opération dans laquelle on ne doit négliger aucun moyen de conservation de la motte et des racines.

Pépinières de hautes tiges.

J'ai parlé des pépinières de jeunes plants ; il est utile de consacrer ici quelques mots à l'éducation, en pépinière, des arbres destinés aux plantations des hautes tiges.

Les Frênes destinés aux bordures devront passer trois ans dans la pépinière. Pour former cette pépinière, on choisira un sol frais et le moins pierreux possible ; on y plantera des sujets de la taille de 1 à 2 mètres, les plus droits possible, en lignes et à la distance, en tous sens, d'un demi-mètre. On devra, les deux premières années, les tailler de manière à les redresser et à les faire filer sans branches jusqu'à la hauteur de 3 mètres. L'arrachage se fera au moyen de la bêche de jardinier en coupant circulairement une motte; les racines se trouveront ainsi suffisamment écourtées, et la coupure sera nette, si le coup de bêche a été donné rapidement et avec le secours du pied.

On conservera plus ou moins de terre, suivant la distance du transport.

L'Orme se traitera de même, mais il aura besoin d'au moins cinq ans de pépinière.

Le Tilleul, dans un sol frais et meuble, marchera aussi vite que le Frêne.

Le Plane et le Sycomore se traitent de même. Quant au Platane, il s'obtient de boutures, mais ces boutures doivent être faites avec du jeune bois de l'année et une crossette de l'année précédente; placées en jauge dans un bon terrain, ces boutures pourront être extraites à deux ans et portées dans la grande pépinière, où, en trois ans, elles formeront de beaux sujets propres à la transplantation.

Il sera convenable de traiter de même les boutures de Peuplier ; cependant on peut prendre des plançons de 2 à 3 mètres et les placer de suite en pépinière, où une taille convenable les rendra propres à être transplantés après deux ans.

Quant aux arbres verts destinés aux massifs d'agrément, une, et de préférence, deux transplantations en pépinière seront très-favorables au développement du chevelu et à la concentration des racines, deux éléments de réussite dans la transplantation des arbres verts qui ont atteint la taille de 2 à 4 mètres. Plus on les mettra jeunes en pépinière, et plus on leur donnera un bon terrain, les résineux fourniront-ils de beaux sujets, bien arrondis, possédant toutes leurs branches jusqu'à terre, conditions nécessaires pour l'ornement des créations d'agrément.

Soins généraux.

Une plantation faite avec frais mérite qu'on ne lui épargne pas les soins nécessaires à son succès, surtout dans les premiers mois. Ils consistent en arrosages, cultures et soutiens au moyen de tuteurs. Les plantations de grands arbres faites au printemps, principalement celles d'arbres verts, ont besoin d'un arrosage. Si l'eau n'est pas à proximité, on l'amènera au moyen de tonneaux, et on la déposera au pied de l'arbre avec l'arrosoir, en prenant la précaution de ne point mouiller les branches du bas, le soleil ayant ensuite sur les feuilles, surtout celles des arbres verts, une action destructive. Cet arrosage, une fois commencé, a besoin d'être continué; car, si la séve, activée par l'humidité, venait à se ralentir, l'arbre en souffrirait beaucoup, et la perte d'une partie de ses feuilles, serait certaine. Pendant trois mois, au moins, si le temps est sec, il doit être continué de huit jours en huit jours. L'arrosage est surtout utile au moyen même de la plantation; il doit alors être assez fort pour détremper toute la masse de terre et faire ainsi glisser la terre jusque dans les moindres interstices des racines.

Les cultures ne devront pas non plus être négligées pendant les premières années, afin de conserver à la terre sa perméabilité. On connaît l'effet des sarclages sur les plantes, il n'est pas moindre sur les arbres.

Toutes les fois que les arbres seront d'une taille et d'une hauteur un peu considérables, ou qu'ils seront exposés aux coups de vent, il sera indispensable de les soutenir par des tuteurs. Ces tuteurs se forment avec des piquets de grosseur et de hauteur convenables, ordinairement 2 à 3 mètres, épointés à leur gros bout et brûlés ou goudronnés dans la partie qui doit être mise en terre. On les enfonce au moyen du pieu, et on les lie à différentes places en observant d'intercaler un bouchon de mousse ou de paille entre l'arbre et le tuteur, afin d'empêcher une adhésion du lien nuisible au développement, et plus tard, si le lien se relâchait, un frottement tout aussi contraire. On doit encore observer de mettre le tuteur du côté du midi, car le vent venant de cette direction, étant le plus fréquent, ne cause point de frottement dans le cas où le lien vient à se rompre, son effet éloignant l'arbre du piquet. Ces tuteurs se font avec de jeunes Sapins ou Pins; les meilleurs et les plus durables se font avec des tiges d'Acacias ou de Châtaigniers.

Sécherie.

Le planteur doit concevoir combien il lui serait économique de se procurer lui-même ses semences, et avec combien plus d'assurance il les emploierait; ces considérations devront donc le déterminer à le faire toutes les fois qu'il sera placé à proximité de forêts qui puissent lui offrir des essences variées.

La récolte de la plupart des semences se fait à la main ; plusieurs espèces peuvent se semer telles qu'elles sont récoltées ; mais d'autres sont contenues dans des gousses ou des cônes qui nécessitent, pour les extraire, une préparation. C'est du moyen le plus économique et le plus à la portée de tous que je veux m'occuper ici.

L'extraction des graines a lieu soit à l'aide de la chaleur du soleil, soit à l'aide de la chaleur artificielle. Le premier moyen semble plus simple et plus coûteux ; néanmoins il est long, et, quelque mince que soit la couche des cônes, jamais ils ne sont assez pénétrés de la chaleur du soleil pour laisser échapper toutes les graines qu'ils renferment.

Voici la description du local et des appareils nécessaires à une sécherie que chacun peut construire à peu de frais, les dimensions pouvant être fort restreintes lorqu'on opère pour son unique et annuelle consommation.

On choisit une petite chambre, autant que possible exposée au midi, ceinte de murs ou de dalles enduites de mortier, dans laquelle on place un poêle, un thermomètre et des claies ; ces claies ont une dimension de 1 mètre et demi de long sur 80 centimètres de large, formées d'un encadrement en bois de Chêne mince; des ficelles, ou mieux des fils de fer tendus à 1 centimètre de distance, établissent le fond. Voici leur disposition et leur usage : je suppose tout d'abord que le local n'a qu'une dimension de 1 mètre et demi en carré; ce que je vais expliquer pour un compartiment pourra servir à plusieurs successifs, si le besoin l'exige. A chaque extrémité de la chambre sont deux montants, distants de 80 centimètres, partant du plancher au plafond ; du bas en haut, à une distance de 15 centimètres les unes des autres, sont fixées, après ces montants, des traverses garnies de chevilles, longues de 5 ou 6 centimètres et placées horizontalement; elles serviront à soutenir les claies qui, ainsi distancées, rempliront l'espace, et formeront un compartiment auquel on peut donner un vis-à-vis contre le mur opposé. Le poêle sera placé au milieu; ses tuyaux correspondront à une cheminée, ou à l'extérieur, par une ouverture. Ce poêle peut être en terre ou en fonte, mais, dans tous les cas, doit être muni d'une grille pour pouvoir être alimenté par les cônes ouverts.

Je donnerai ici la description d'un poêle très-simple, que l'on construit sur place, et qui a le double avantage d'être très-durable et de conserver longtemps la chaleur. Sur une plate-forme en pierre d'une seule pièce on élève une colonne de la hauteur de 1 mètre 30 centimètres, vide à l'intérieur, formée de petites briques que tout tuilier peut faire sur le modèle donné, en sorte que leur réunion puisse décrire un cylindre de 40 centimètres de diamètre, en laissant un vide intérieur de 36 centimètres, ce qui donne à ces briques circulaires une largeur de 4 centimètres, leur épaisseur restant, d'ailleurs, facultative; on les liera avec de la terre glaise corroyée avec un tiers de sable fin; enfin on couvrira le sommet avec un couvercle jointif en tôle.

Le tuyau partira de l'extrémité élevée dans la direction la plus convenable, et la base sera garnie d'une grille. L'enlèvement du couvercle permettra de verser les cônes qui serviront à le chauffer. La chaleur devant toujours être égale, on se trouvera bien d'allumer le poêle en commençant par le haut; les intervalles qui existent entre les cônes superposés permettront au tirage de s'exécuter, et la combustion se fera lentement et progressivement de haut en bas.

Les cônes récoltés seront déposés en couches minces sur les claies, et on entretiendra une chaleur de 25 à 35 degrés centigrades, jusqu'à ce que les cônes soient entièrement ouverts. Dès que l'on s'apercevra qu'ils commencent à se dilater, on recueillera la semence de la manière suivante : on se servira d'une claie dont le fond soit plein, ou soit garni d'une toile; on la placera, en commençant par le haut, sur la seconde claie; puis on secouera la première, dont la semence, passant à travers la claire-voie, tombera dans la claie pleine; et ainsi de suite.

Pour que l'agitation des cônes ait lieu d'une manière efficace, on forme, dans les traverses de la claie qui repose sur les chevilles, des crans dont le frottement sur ces chevilles, imprimé par un mouvement rapide de va-et-vient, produit un ébranlement qui détache et fait couler la graine.

Reste une opération à faire : le désailement de la graine.

Le désailement n'est point indispensable, mais il est utile, en ce qu'il permet de mieux répandre la graine et de la recouvrir plus complétement. A cet effet, on humecte les semences, puis on en remplit environ le quart d'un sac, que l'on étend sur le plancher, et que l'on frotte; ou bien on les introduit dans un cylindre creux, en forme de baratte, dont la paroi intérieure est garnie de baguettes; on jette, en même temps que la semence, une poignée de cônes bien secs et bien ouverts, et, en agitant le cylindre circulairement, on désaile les graines, que le crible et le van achèvent de nettoyer.

C'est ainsi que se traitent les cônes de Sapin, Épicéa, Pin, Aune, Mélèze. Ces derniers exigent une chaleur graduelle, car la résine qu'ils contiennent, venant à se fondre par une chaleur trop vive, suinte à travers les écailles, et les enduit au point qu'elles ne peuvent plus s'ouvrir. Enfin les gousses d'Acacia se traitent de même à la sécherie.

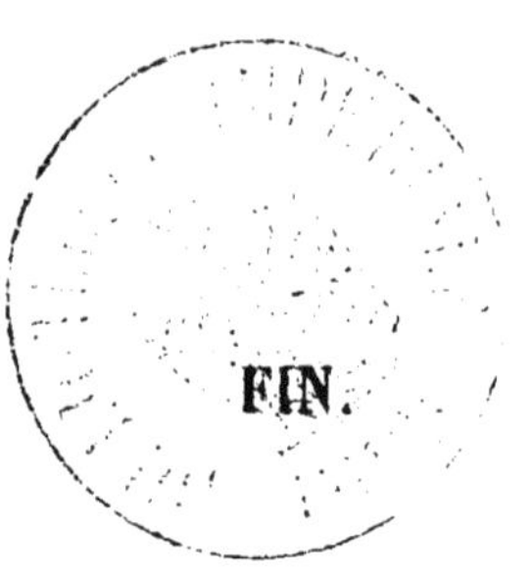

FIN.

TABLE.

PREMIÈRE PARTIE.

Semis.

Plantations.

DEUXIÈME PARTIE.

Paris. — Imp. de madame Ve Bouchard-Huzard, rue de l'Éperon, 5.

www.ingramcontent.com/pod-product-compliance
Ingram Content Group UK Ltd.
Pitfield, Milton Keynes, MK11 3LW, UK
UKHW020607180726
13838UKWH00001B/472

9 782329 396071